Kedleston Hall

誰でも一度は、おとぎ話に出てくるようなお城に住み、
凛々しく勇敢な王子様に出会うことを夢見るでしょう。
私は、幼い頃からこの屋敷に住んでいたけれど、心が満たされることはありませんでした。
私を幸せにしてくれるのは、王子様と結婚し大きなお城に住むことなのか。
それとも、別の生き方があるのでしょうか。
答えを見つけ出すために、ある日私は旅に出ました。

夢のコテージを追いかけて

私の母の実家はケドルストン・ホールと呼ばれる一八世紀半ばに建てられた邸宅です。幼い頃、私はその大きな屋敷の中を探検したり、隠れんぼをして過ごしたことを覚えています。屋敷内や敷地内では、母は私たち兄弟を比較的自由にさせてくれましたが、使用人や料理人たちが働いているキッチンや彼らの詰め所へ遊びに行くことと、敷地外に出ることは許されませんでした。「私たちと彼らとは違うのです」という母の言葉が私にはとても寂しく感じられました。母はいつもパーティーで忙しくしているか、疲れて昼前まで寝ており、乳母が私たち兄弟の食事など日々の生活の世話をしてくれました。

　七歳の夏の終わりのある日、私は秘密の計画を実行することにしました。それは村のコテージを見に行くという計画です。以前、執事のナイト氏から聞いた、「村には妖精のすみかのような可愛らしいコテージがありますよ」という言葉が心に焼き付いていたのです。

　その日はすがすがしくよく晴れており、ポニーに乗って散策するには最高の日でした。弟のチャールズと私は玄関で乗馬靴を履き、馬小屋まで競争しました。私のダンデライオンは従順で扱いやすく、チャールズの乗ったデージーは気ままで操作を手こずらせました。湖の岸にある石造りのボート小屋まで下ったところで、まだ誰にも言っていない私の計画をこっそり弟に打ち明けました。ところが、彼は湖の中の小さな島に隠れ家を作りたいと言います。私はがっかりしましたが、村まで思い切ってひとりで行くことにしました。

　のんびりと草を食べる羊たちのいる丘を越え東の門まで、私はひとりダンデライオンにまたがりました。そして、すごくどきどきしながら門番小屋の扉をノックしました。「ようこそレディー、何の御用でしょうか」。よく日焼けした門番の老人が尋ねました。「ちょっとだけ村を見に行きたいんだけど……私の馬をここにつないでおいてもいい？」。「もちろん、でもあまり遅くならないようにしてくださいよ」。

　門は無事通過したけれど、また誰かに会うのではないかと心配しながら、さんざしや蔦の生け垣にはさまれた村への小道を歩きました。道端に目を向けると、実をつけたブラックベリーや野草がたくさん。曲がり角を曲がると石塀の向こうに数軒の小さな家が見えました。白い漆喰壁に這うつるばらが赤く咲き、午後の暖かな陽を受けています。茅葺き屋根にはちょこんと煙突が付いており、斜め格子の小さな窓の前に付けられた箱にはゼラニウムやパンジーの花が咲いています。それはまさにナイト氏から聞いていたあのコテージで、本当に童話に出てくる妖精のすみかのようでした。

　私はすぐ近くのコテージの石塀に近寄り、塀の上を這うハニーサックルの茂みの隙間から庭を覗いてみました。小さな庭には可愛らしい花や野菜やハーブが丁寧に植えられていました。私と同じ年ぐらいの二人の女の子が庭の小道で楽しそうに石蹴りをして遊んでおり、すぐ傍で、母親が洗濯物を取り込んでいます。私も庭の中に入って一緒に遊んでみたいと思いましたが、「地元の子供たちと遊んではいけません」という母の言いつけが頭の中から離れませんでした。

　私は涙が出そうになるのをこらえながら、ダンデライオンが待つ門番小屋へ走りました。すごく羨ましかったのです。素敵な家と庭、家庭的なお母さん。お父さんは見なかったけど、きっと優しい人なのでしょう。私はもちろん何不自由することなく暮らしていましたが、私の家にはない家族のぬくもりがそこに感じられたのです。いつか大人になった時、私もあんなコテージで家族と一緒に暮らしたいと思いました。そして、その想いはやがて私の夢となったのです。

1. 壁や天井に18世紀中頃までの絵画が埋められているメインダイニングルーム。私がここを使わせてもらえたのは、18歳で社交界デビューした時だけだった。2. ウィングと主邸を結ぶ廊下には私の先祖たちの肖像画が並んでいる。建物のカーブに合わせて床板も曲げられているのが珍しい。3. 18世紀のイギリスを代表する建築家ロバート・アダムスがデザインしたソファー。4. インド総督を務めた曾祖父のジョージ・ナタニエル・カーゾンと妻のメアリー夫人。5. 王族を迎えるために作られた部屋。

1

2

3

4

5

ケドルストンにある丘、川、池は18世紀に人工的に作られたもの。私は昔、弟と一緒にこのボートハウスからボートを漕ぎ遊びました。7頁の上の写真は、ケドルストンのばら園。広大な敷地に羊が放牧されています。下は、ローマ様式の玄関ホールで、天井の高さは12メートル。柱に使われた20本の縞大理石は領地内で採れたもの。

Cottage Garden

ハーブとの出会い

緑豊かな京都北山に囲まれた静かな山村、大原の里に住むようになって一〇年になります。引っ越して来た当初、庭は荒れて草だらけでしたが、そこに最初に植えた植物は料理に使うローズマリーとタイムでした。料理を作る時には、いつでもフレッシュハーブが手に入るようにしておきたかったのです。

私が幼い頃、母は料理の仕上げに添えるフレッシュハーブをキッチンガーデンへ摘みに行くよう、私によく頼んだものでした。日常の料理は母が雇っているコックさんが作りましたが、ディナーパーティーなどの特別な日は、母自らがキッチンに立ち得意のフランス料理やイタリア料理を作っていました。

その頃私たちの住んでいたマナーハウスには一九世紀に作られたビクトリア調の庭があり、その横に赤レンガの壁で囲ったキッチンガーデンがありました。海からの強い風から野菜や果物を守るため、その壁は高さ三メートルもあります。壁の内側に入ると、りんごや梨、桃、葡萄が植えられており、甘い香りが漂っています。畑にはたくさんの種類の野菜やハーブが育っており、私は注意深く母に頼まれたハーブを探しました。ハーブや野菜でバスケットをいっぱいにするのはとても楽しい作業でした。

ここ大原の住まいは築一〇〇年の農家です。引っ越した当時はけっこう傷んでいましたが、夫と二人でこつこつ修理して住み心地良くしました。庭は子供の頃から憧れていたコテージガーデンに作り替え、今では約二〇〇種類のハーブを育てています。初めは料理用に地中海ハーブを植えましたが、大原の気候に合わず育たないものもありました。いろいろ試すうちに、三つ葉やねぎ、山椒など日本のハーブも殖えました。料理から始まった私のハーブへの興味はどんどん広がり、ハーブを使って日常生活で使う様々なものを作り始めました。

体と環境に優しいハーブを生活の中に取り入れ、その素晴らしさを知れば知るほど、ハーブの奥深さに感動させられます。この感動をこの本をとおして皆さんと分かち合いたいと思っています。

春 Spring

春、大原を流れる高野川の岸辺は山桜や藤の花で彩られます。

植物たちの声に耳を澄ます

庭で植物たちと過ごしていると、日頃の私のストレス、不安や心配な気持ちが溶けていくようです。美しい花やハーブの香りを楽しみ、蝶や蜂が植物の上を飛び回っているのを見ているうちに、時間が止まっているように感じることがあります。地球と自分がつながっているような、静けさに包まれた素敵な時間です。

子供の頃は、いつも自然の中で遊んでいました。イギリスに住んでいた時は、落葉樹の森の中で木の上に家を作ったり、小川を石で塞きとめてダムを作ったり、お花畑で花輪を作ったりして遊びました。スイスではレマン湖岸に住んでいたので、家から庭を突っ切ってそのまま湖にジャンプ。そこからは雪に被われたアルプスの山々が見渡せました。スペインや南フランスにいた時のことを思い出すと、濃紺の地中海と澄み渡った青空が目に浮かびます。家の近くの崖や荒れ地にはローズマリーやタイム、ラベンダーが自生していました。ミストラル（地中海沿岸地方に吹く乾いた冷たい風）がハーブと海の香りを運んできたのを覚えています。今思えばその頃も、自然の中で時間が止まるような時がありました。

大原に来て、家の周りに庭を作ろうと決めた時、子供の頃遊んだ自然を想い出せるような庭にしたいと思いました。庭は四〇坪とあまり広くはありませんが、七つの部分に分けました。玄関前の日当たりが良く水はけがいい一角には、南フランスの田舎のようにラベンダーやタイムなどの地中海ハーブを植えました。庭の中心部はもともとあった日本庭園です。そこに合うよう茶花や日本のハーブを植えました。その隣はイギリスのクラシックフラワーやハーブを植えた英国風コテージガーデン。そして、大きな月桂樹の下には木製のブランコを置いてフォーレストガーデンと名付けました。狭い通路を通って裏庭に回りこむと、そこはスペインのパティオのようです。もとからあった井戸に陶器でモザイクを施し、強い西日が当たるこの場所に合うよう原色の花を植えています。その奥のコーナーは、レンガを敷いてテーブルを置き、夕方ワインを飲んでバーベキューができるようにしました。白、ロゼ、赤といったワイン色の花だけを植えています。また、家の裏と表にある石垣の石と石の間には、タイムやムスカリなどを植えてウォールガーデンを作りました。

庭に植物を植える時には、まずその植物が求める生育環境を調べました。例えば、日当たりや湿気や土質などです。ところが、それだけでなく、植物も相性とか好みというような人間的な一面もあります。例えば、バジルとトマトは相性が良く、フェンネルとディルは相性が良くありません。街に住むより人里離れた田舎に住むのが好きという人がいるように、カモミール、ヤロウ、フェンネルは花壇で育てるよりもオープンフィールドを好みます。

庭で作業する時、私はクラシック音楽など気持ちが落ち着く音楽を鳴らします。私だけでなく植物も一緒に音楽を聴いているように感じます。また、植物はテレビが嫌いなようです。植物の鉢をテレビの上に載せておくと、日当たりや水やりに気を使ってもだんだん元気がなくなっていきます。電磁波とかテレビ番組からの何らかのバイブレーションが影響しているのかもしれません。

ある本で見つけた記述ですが、アメリカの先住民のあるハーバリストは、薬草に使うハーブを切る時、何のために切るのかをそのハーブに向かって語りかけるそうです。そうすると、ハーブの薬効が高まると考えられています。私もそのハーバリストにならって、植物たちに語りかけるようにしています。

春になると庭はいっせいに花で包まれます。右上の写真は白と青で統一したボーダーです。ボリジ、矢車草、都忘れが咲いています。上は、イギリスのアイディア。枯れてしまったもみじの幹につるばらを絡ませています。右は、私が最もよく使うハーブのローズマリー。そして下の写真は、お気に入りの植木鉢。素焼きの鉢は古くなるほど味が出ます。左の頁は、オーストラリア原産のハーブのミモザ。この木は桜より先にたくさんの花をつけて春の到来を知らせてくれます。その下は、玄関横のテラスを這う藤とホップ。5月から9月にかけての花の時期はこのテラスで食事をすることが多くなります。

季節の流れに合わせて、次々と花が咲くように計画して植栽した私のコテージガーデン。

Easter

レモンタイムのパウンドケーキ
Lemon Thyme Tea Bread with Lemon Verbena Icing

recipe page 24

イースター・バニーの想い出

イギリスの田舎では、春になるとりんごの花が咲き乱れます。りんごの花を見ると、幼い頃の私は楽しいイースターが近づいてきたことを知りわくわくしました。イースターは、三月二二日から四月二五日の間の日曜日に行われ、年によって変わります。イースターがキリストの復活祭となったのは、三世紀の始め頃からです。それまでにも、ヨーロッパ各地には春の到来を祝う祭りがありました。今のイースターは、春の祭りと、キリストの復活を祝う祭りが結びついて変化していったものです。

　私のイースターの想い出は、何と言ってもイースターエッグハントです。イギリスではイースターの朝、教会で朝のミサが行われます。教会は春を祝う色とりどりの花で飾られています。私たちは一番上等な洋服を着て教会に行き、牧師さんの話を聞いて賛美歌を歌いました。ミサが終わって帰宅し、午後になると親戚たちがイースターのティーパーティーに集まって来ます。そして、いよいよ子供たちが最も心待ちにしていたイースターエッグハントが始まるのです。

「イースター・バニーが庭に卵を運んでくるのよ。イースター・バニーはとても恥ずかしがり屋なので、夜に来るから誰も見たことはないのよ」と母は言いました。幼い頃の私は、それが本当のことなのだと信じていました。

　しばらくの間子供たちは、子供部屋から出ないように言われました。その間、私たちは、見つけたチョコレートの卵を入れるためのバスケットを準備しておきます。卵を探す時間は三〇分間。卵は、庭の石の隙間や木の幹の穴、植木鉢の上などに隠されています。年長の子供たちのためには高い場所に、年少の子供たちのためには低くて見つけやすい場所にあります。母は、年長の子供たちには全部先に卵を見つけてしまわないように伝え、まだ見つけられていない卵がある時は、一緒に探すのを手伝ってくれたりしました。そして、最終的には子供たちに公平に行き渡るように分配しました。

　イースターエッグハントが終わると、私たちはチョコレートを食べながら庭で遊びました。一時間ほどクローケをして子供部屋に戻ると、お茶、スコーン、サンドイッチ、花で飾られたケーキが用意されています。母と母の三人の姉妹が私たちに加わり、子供の頃の話をしてくれました。私の母はとてもやんちゃで、母がやった数々のいたずらの話をくすくす笑いながら聞きました。

　イースターの名はサクソン民族の春と夜明けの神、そして繁殖の神のＥｏｓｔｒｅからきています。その神のシンボルは、春の訪れと多産の象徴である野兎です。ドイツではイースターの日に野兎が卵を運んで来ると言われてました。それがイースター・バニーです。植物が葉を落とし自然が死んでしまったような寒い冬が終わり、春は生命が息を吹き返す時です。卵は再生と生命の象徴であり、春を表すシンボルと考えられてきたのです。

　春にゆで卵を交換し合うことは、ヨーロッパの多くの国で古くから続く習慣でした。時代を経て、イースターエッグは染めたり彩色して飾られるようになりました。イギリスでは、黄色に染めるのにはえにしだの花、赤は西洋茜の根、緑はほうれん草、茶色は玉ねぎの皮が使われたそうです。最も有名なイースターエッグは、ウクライナやポーランドのもので、赤、黒、白を使った複雑なデザインの模様はまさに芸術品です。

レモンタイムのパウンドケーキ
Lemon Thyme Tea Bread
with Lemon Verbena Icing
photo page 22

材料
牛乳　200ml
レモンバーム(生の葉のみじん切り)
　大さじ1
レモンタイム(生の葉のみじん切り)
　大さじ2
小麦粉　250g
ベーキングパウダー　小さじ1½
バター　80g
ブラウンシュガー　150g
卵　2個
レモンの皮(おろし金でおろす)　大さじ1
飾り用の花（ビオラ、すみれ、忘れな草、
　ボリジ、桜など食べられる花）　適宜
飾り用のレモンタイム(生の枝葉5cm)
　適宜
レモンバーベナアイシング
　レモン汁　2個分
　アイシングシュガー　2カップ
　レモンバーベナ(生の葉のみじん切り)
　4枚

1 鍋で牛乳を温めハーブを15分以上浸しておく(沸騰させないように)。
2 ボウルに小麦粉とベーキングパウダーをふるい、混ぜ合わせる。
3 別のボウルにバターとブラウンシュガーを入れクリーム状になるまで混ぜ、さらに溶き卵とレモンの皮を加え混ぜる。
4 **2**に**1**と**3**を交互に少しずつ入れて混ぜる。
5 **4**をパウンドケーキ型に入れ、190℃に温めたオーブンで約40分焼く。
6 ボウルにレモン汁、アイシングシュガー、レモンバーベナを入れてよく混ぜ合わせる。
7 焼けたパウンドケーキがまだ温かいうちに**6**を表面に塗り、食用の花とレモンタイムを飾る。

★上に飾る食用の花やハーブは、卵白1個分とローズウォーター(recipe p65)大さじ1を混ぜたものを花に刷毛で塗り砂糖を絡める。風通しの良いところに置き、乾燥させて作る。

レモンバームレモネード
Lemon Balm Lemonade

子供の頃、夏休みになると私たち兄弟4人は1日中庭で遊びました。時々乳母のディンディンがレモネードとクッキーを作って持ってきてくれたことを覚えています。大原では、その味を思い出して子供たちにレモンバームを入れたレモネードを作ってあげます。どんなに暑い日でも元気になること請け合いです。

材料（10杯分）
レモン(薄切り)　2個
砂糖　300g
水　3カップ
クエン酸　大さじ3
レモンバーム(生の枝葉15cm)　10本

1 鍋に砂糖水とレモンを入れ火にかける。
2 沸騰したら火を止めて、レモンバームとクエン酸を混ぜ、そのまま1時間くらいおいた後漉す。

★いただく時は、グラスに**2**の原液を入れ、水かソーダ水で3倍に薄める。氷を入れレモンバームの葉を飾って出す。
★原液をガラス瓶に移し冷蔵庫で保存すると長くもつ。

孫たちと一緒にイースターを祝う。

レモンバームのラビングカップ
Lemon Balm Loving Cup

中世のイギリスでは、娘に求婚者が訪ねてきた時、緊張している2人を落ち着かせるため、娘の母親がこのカクテルを作りました。娘が素敵な男性と恋に落ちて結婚するようにという願いがこめられ、いつの頃からかラビングカップと呼ばれるようになりました。レモンバームは不安を和らげ心を落ち着かせてくれると言われています。

材料（6人分）
レモン(薄くスライス)　2個
レモンバーム(生の枝葉15cm)　8枝
砂糖　80g
水　3½カップ
デザートワイン(白)　ハーフボトル1本
ブランデー　¼カップ
シャンペン又はドライのスパークリング
　白ワイン　1本
ボリジ又はビオラの花（アイスキューブ
　用）　18個

1 ボリジの花を入れたアイスキューブを作っておく(photo p80)。
2 レモンバーム、レモンスライス、砂糖、水、デザートワイン、ブランデーをジョグに入れ冷蔵庫で1時間冷やす。
3 **2**を漉して、いただく直前に冷やしたシャンペンを加える。
4 ワイングラスに注ぎ、**1**のアイスキューブとレモンバームの葉で飾る。

★花のアイスキューブは、ビオラやバイオレット、桜、忘れな草などを製氷皿に入れて凍らせても作れる。

ハイティーとロウティー

ハイティーは労働者階級のものでしたが、このロウとハイは階級を指すものではなく、椅子の高さの違いからきています。ロウティーは、上流階級の人々が低いソファーやアームチェアに座ってお茶を飲みながらお喋りしたのでその名が付き、アフタヌーンティーとも呼ばれていました。

一五年前にイギリスを訪ねた際、アフタヌーンティーの創始者ベッドフォード公爵夫人の子孫から、その舞台となったウォーバン・アビィで、その始まりを聞く機会がありました。現侯爵の妻レディ・タビストックは初めてアフタヌーンティーが開かれた部屋に私たちを案内してくれました。

アフタヌーンティーがベッドフォード公爵夫人によって最初に開かれたのは一八四〇年のことです。その頃、お茶は女性や子供が飲むと体に悪いと考えられており、しかも非常に高価でした。それで、上流階級の男性だけが口にすることができました。ある日、王室を訪ね土産にもらったチャイナティーをベッドフォード公爵は夫人にわけてさしあげました。そこで夫人は、こっそり紅茶を飲もうと女性の友人を招待することにしました。男たちがハンティングに出かけて不在となる午後四時に、夫人たちは密かに集まり禁断のお茶を飲みました。それがアフタヌーンティーの始まりです。

ハイティーはアフタヌーンティーの始まりから約半世紀後の一九世紀後半から二〇世紀初頭、産業革命が起こった頃に始まりました。工場や農場で働く労働者は夕方五時に仕事を終えて家に帰り、空腹なのですぐにダイニングキッチンで夕食をとりました。背が高いダイニングチェアに座ったので、ハイティーと呼ばれるようになりました。目玉焼きとベーコン、あるいはラムシチューかボイルドハムにキャベツ、スライスパン、大きなポットに入った紅茶といったシンプルな食事でした。この習慣は今も続いており、特にイギリス北部の工業地帯に残っています。メニューは地域や家庭によって変わりますが、スライスパンと大きなポットに入ったお茶が出てくるのは変わっていません。

第二次世界大戦の頃からイギリスの上流階級社会が変わり、昔のように優雅な貴族生活を続けるわけにはいかなくなり、アフタヌーンティーの習慣はほとんどなくなりました。ハイとかロウというような呼び方は今ではほとんどなくなり、ただティーと呼ばれています。

サボイやリッツなどの高級ホテルの喫茶店へ行けば、昔ながらのアフタヌーンティーを楽しむことができるでしょう。そこでは、ふつうテーブルの上に三段になったケーキプレートが出てきます。一番上の段にはサーモンときゅうりの三角形のサンドイッチ、二段目は小さなスコーンとクロテッドクリーム、そして三段目は小さなケーキのセレクションがのっています。

一般の人が開く古典的なアフタヌーンティーといえば、おばあちゃんが年二、三回家族を呼ぶティーパーティーでしょうか。素敵なテーブルクロスの上にボーンチャイナのティーセットを並べ、庭の花を飾り、スコーンとケーキを焼き、サンドイッチを準備して、朝から大あわて。やがて、成長した子供たちが、孫や妻や夫を連れて賑やかにドアをノックする音が聞こえます。おばあちゃんは、孫たちの顔を見てにっこり。手入れが行き届き花いっぱいの庭に出た孫たちが、庭を駆け回っても今日だけは文句が言えません。四時頃になると、おばあちゃんは皆をテーブルに呼び集めます。それから久しぶりに会う家族や親戚の顔を確認し、健康と幸せを願いながらお茶を飲むのです。

そんなアフタヌーンティーを、庭がきれいな四月から六月の間に私は時々大原で開いています。がんばって手入れしている私の庭を皆に見てもらいたいからです。お招きするお客様は、私の子供たちの時もあれば、友達だったり英語学校の生徒さんだったりいろいろです。ティーパーティーを開いている様子をイギリスの妹に伝えたら、「イギリス正統古典派のベニシアおばあちゃんへ」と私をからかった返事がきました。

我が家で楽しむハイティー。シェパーズパイとブラックベリーとりんごのクランブル、それに温かいたっぷりの紅茶。

recipe page 118

ハーブサンドイッチ
Herb Sandwiches

イギリスのアフタヌーンティーには欠かせない伝統的なきゅうりとサーモンのハーブサンドイッチです。ハーブを入れるといっそうさわやかなサンドイッチができます。

材料（4人分）
サンドイッチ用パン
（グラハムブレッドが良い） 8枚
クリームチーズ 適量
きゅうり 2本
スモークサーモン 4～6枚
チャービルとフェンネル
（生の葉のみじん切り） 各大さじ1
バター 適量
塩 少々

1 きゅうりを薄切りにし、少し塩をして2分おき、かるく絞って水分を取る。
2 バターを塗ったパンの上に、1のきゅうりとチャービルをのせサンドする。
3 クリームチーズを塗ったパンの上に、スモークサーモンとフェンネルをのせサンドする。
他にも、こんな取り合わせがある。
★ゆで卵、マヨネーズ、ディル、又はチャービルかタラゴン
★刻んだハム、マスタード、マヨネーズ、チャイブ
★カッテージチーズ、くるみ、クレソン

よもぎのパウンドケーキ
Yomogi Tea Bread

春になると家の向かいの土手に顔を出すよもぎの若芽を摘んで、ケーキを作ります。よもぎは浄化作用があり邪気を払うハーブとして、昔から世界各地で使われてきました。喘息や花粉症などのアレルギーにも良いそうです。よもぎをたくさん摘んだ時は、たっぷりの湯で茹でた後、冷水にさっとさらして軽く絞り、冷凍保存しておきます。

材料
牛乳 200ml
よもぎ（生の葉） 40g
小麦粉 250g
ベーキングパウダー 小さじ1½
バター 80g
ブラウンシュガー 180g
卵 3個

1 鍋にたっぷりの湯を沸かし、よもぎを茹でて水にさらし、よもぎのアクを抜いて軽く絞っておく。
2 鍋に牛乳を入れて火にかけ、さらによもぎを加え軽く煮た後、ミキサーに入れピューレ状にする。
3 ボウルにバターとブラウンシュガーを入れ、クリーム状になるまでよく混ぜる。
4 3に溶いた卵を混ぜ合わせる。
5 別のボウルに小麦粉とベーキングパウダーを入れよく混ぜる。
6 2と4と5を混ぜ合わせる。
7 26cmのパウンドケーキ型に6を入れ、190℃に温めておいたオーブンで約45分間焼く。

よもぎやどくだみを採って干しておく。

オールドイングリッシュ・トライフル

Old English Sherry Raspberry Trifle

母は、よく夏の夜に屋外でダンスパーティーを開いていました。その時母が作ったのが、穫れたてのラズベリーがたっぷり入った冷たいトライフルでした。白いクリームに赤いラズベリーと緑のミントの色がよく合い、見た目にもおしゃれなデザートです。

材料（8人分）
カステラ又はスポンジケーキ
（厚み約2cm）　8枚
シェリー酒　1カップ
ラズベリーゼリーパウダー　1パック
（できあがり量約500ml）
ラズベリー（生又は冷凍）　100g
カスタード　3カップ（下記）
生クリーム　200ml
ミント（生の葉）　8枚
生のラズベリー（飾り用）　8個

1 20cm四方のガラス皿にカステラを敷き詰め、その上にシェリー酒を注ぐ。
2 ラズベリーをカステラの上に並べる。
3 お湯にゼリーパウダーを溶かし、2の上にのせ、固まるまで冷蔵庫で冷やす。
4 冷めたカスタードを3のゼリーの上に層状に塗り重ね、冷蔵庫で冷やす。
5 生クリームを角が立つまで泡立て、4のカスタードの上にさらに層状に塗り重ねる。
6 ラップをして冷蔵庫で冷やしておき、出す直前にラズベリーとミントで飾る。

★ラズベリーが手に入らない時は、いちごを使っても良い。

溶かしたゼリーをカステラの上にのせる。

◆カスタードの作り方

材料（できあがり3カップ強）
卵黄　5個
レモンバーベナシュガー（recipe p91）
大さじ6
バニラエッセンス　2～3滴
コーンスターチ　大さじ2
ミルク　600ml

1 鍋にミルクを入れて80℃ぐらいに温める。
2 1の火を止めてレモンバーベナシュガーを加え、20分おいた後漉す。
3 ボウルに卵黄とコーンスターチを入れ、よくかき混ぜておく。
4 漉した2と3を鍋に入れ、弱火にかけて、とろみがつくまでダマにならないよう混ぜ続ける。
5 とろみがついたら火を止めて、バニラエッセンスをふって香りをつける。

スカボロフェアーハーブピラフ
Scarborough Fair Herb Pilaf

15世紀のイギリスのフォークソング『スカボロフェアー』には、パセリ、セージ、ローズマリー、タイムが歌われています。友人とバンドを組んでいた14歳の時、私たちが歌うこの歌をレコードで発表するという話がありました。結局、私は歌手にはなりませんでしたが、今でも庭仕事をする時、この歌を口ずさんでいる自分に気付きます。

材料（４人分）
湯　700ml
固形ブイヨンの素　１個
白ねぎ（みじん切り）　２本
グレープシードオイル　大さじ1
バター　30g
米（できればバスマティ米）　350g
ワイルドライス（先に半分茹でておく）　10g
パセリ、セージ（生の葉をみじん切り）　各4枚
ローズマリー（生の葉をみじん切り）　2枝
タイム（生の葉をみじん切り）　3枝
レモンタイム（生の葉）　大さじ1
松の実　大さじ3
塩・こしょう　適量
かぼちゃ（茹でてサイコロ状に切る）　30g
パルメザンチーズ　30g

1 700mlのお湯の中にブイヨンの素を入れ溶かす。
2 平鍋にグレープシードオイルとバターを入れ白ねぎをざっと炒め、さらに米を入れ、米が透き通るまで炒める。
3 2に半量のハーブを加え1分間炒める。
4 1のブイヨンを加え米が軟らかくなるまで煮る。
5 レモンタイム以外の残りのハーブと松の実、塩とこしょうを混ぜる。
6 かぼちゃを飾り、パルメザンチーズとレモンタイムをふりかける。

鶏肉のハーブとオレンジ風味の蒸し煮
Chicken with Herbs and Orange

山田さんは大原に有機栽培の農場と平飼いの鶏舎を持っています。彼の身が締まった地鶏を使って、ワイン、オレンジ、ハーブでジューシーな蒸し煮を作りました。鶏を丸１羽使ってもいいし、好きな部分だけを使っても作れます。

材料（４人分）
鶏むね肉、又はもも肉　600g
バター　50g
オレンジ（飾り用に薄い輪切りを4枚切り、残りの搾り汁を取る）　3個分
白ワイン　1カップ
マジョラム、レモンタイム、パセリ　生の枝葉各2本
オレンジミント、バジル 生の枝葉　各4本
塩・こしょう　適量

1 鶏肉を切り分け塩とこしょうをふる。
2 シチュー鍋にバターを入れて火にかけ、1の鶏肉の両面に焦げ目をつける。
3 オレンジジュースとワインを2にかけハーブをのせて蓋をする。
4 180℃に温めておいたオーブンで約1時間蒸し煮する（ブロイラーの場合は30分）。
5 鶏肉を取り出し煮汁を漉す。煮汁が薄い時は火にかけて水分を飛ばす。
6 皿に鶏肉を盛りつけ煮汁をかけてオレンジの輪切りを飾る。ライスかパスタを添えて出す。

虹鱒のホイル焼き フェンネル風味

Baked Trout with Herbs in Foil

フェンネルを籠にいっぱい摘むと、昔私が住んでいたマナーハウスの庭を想い出します。そこには、19世紀のビクトリア調のキッチンガーデンがあり、ハーブがたくさん育っていました。母は魚料理を作る時、私よりも背が高く育ったフェンネルを採ってくるよういつも私に頼みました。

材料（4人分）
虹鱒　4尾
にんにく（みじん切り）　1個
白ワイン　120ml
オリーブオイル　大さじ4
赤ピーマン（スライス）　1個
ピーマン（スライス）　1個
フェンネル（生の枝葉。レモンタイムかディルでも良い）　4本
塩・こしょう　適量

1 虹鱒の腹わたを抜き、ぬめりを取って塩とこしょうをふる。
2 1の虹鱒を1尾ずつアルミホイルの上に置いて、にんにく、赤ピーマン、ピーマン、フェンネルを入れ、オリーブオイルと白ワインを均等にふりかけてから包む。
3 アルミホイルの口を閉じ、180℃に温めておいたオーブンで約20分間焼く。

クレソン・スープ

Watercress, Apple & Potato Soup

アメリカ人の友人のパットは、いつも何かしら料理の材料を持って大原に遊びにきてくれます。このスープは、ローズマリーブレッドとよく合い、温かくても冷たくてもおいしくいただけます。彼女からこのスープを習ってから、私は近くの小川に自生しているクレソンをよく採りに行くようになりました。

材料（4人分）
クレソン　150g
じゃがいも（薄切り）　大2個
りんご（薄切り）　1個
バター　30g
キャノーラ油　小さじ1
生クリーム　70ml
塩・こしょう　適量
固形ブイヨン　1個
水　4カップ

1 スープ鍋に油、バター、じゃがいもを入れ、しんなりするまで炒める。
2 1にりんご、固形ブイヨン、水を加え約15分間煮る。クレソンを加え、さらに5分間煮る。
3 3をミキサーにかけ、スープ状になったら鍋にもどす。
4 鍋に火をかけ、生クリームを加えて塩とこしょうで味をととのえる。

近くの谷川の清流に育つクレソンを摘んで。

古い木製の家具は磨けば磨くほど、味わいが出てくるもの。ラベンダーと蜜蠟のいい香りが部屋に漂います。

ラベンダーと蜜蠟の家具用ワックス

recipe page 38

楽しんで石けん作りを手伝ってくれる孫たち。

ベニシアお気に入りの石けん用ハーブとエッセンシャルオイル

◎リラックス効果のある パルマローザソープ

材料
ローズヒップ(乾燥、砕いたもの)　大さじ4
パルマローザとゼラニウムのエッセンシャルオイル　各50滴
ジャスミンのエッセンシャルオイル　20滴
パプリカのパウダー(着色用)　大さじ1

★パルマローザは、細胞の再生、肌の保湿によく、ゼラニウムは、アトピーや肌あれにも良い。ジャスミンは、乾燥した張りのない肌に効果的。

◎気分が高揚する レモンバーベナソープ

材料
レモンバーベナ(乾燥)　大さじ4
レモンバーベナとレモンのエッセンシャルオイル　各50滴
イランイランのエッセンシャルオイル　20滴
ターメリックパウダー(着色用)　大さじ2

★レモンバーベナは、疲れを取り活力を与える働きがあり、イランイランは、リラックス効果があり、脂性の肌の調子を整える。

◎さわやかなミントソープ

材料
ミント(乾燥)　大さじ4
ペパーミントのエッセンシャルオイル　80滴
ベンゾインのエッセンシャルオイル　40滴
乾燥させたパセリ(着色用)　大さじ2

★ミントは、気分をリフレッシュさせ、肌につやを与える。にきびや吹き出物に効果的。ベンゾインは、血行を良くし荒れた皮膚に良い。

色付きの石けんを作るための着色料

★緑色
乾燥させたパセリの葉、乾燥ミント
★黄色
ターメリックパウダー
★ピンク
パプリカパウダー
★茶色
ココアパウダー、シナモンパウダー、チョコレート

石けんに向いているオイル

★パームオイル
マイルドで硬い石けんになる。ビタミンAとEが豊富。
★ココナッツオイル
泡がたくさんできる。保湿効果があり、肌の張りを取り戻す。
★オリーブオイル
肌を柔らかくする。保湿効果があるので、特に乾燥肌に良い。

ラベンダーと オートミールの石けん
Lavender & Oatmeal Soap

孫のジョーとキーマが来ると、ラベンダーとオートミールの石けんを一緒に作ります。ラベンダーは、にきびや吹き出物に最適で、洗顔石けんに向いています。オートミールの粒は老廃化した皮膚を取り除く効果があります。ラベンダーの代わりにローズマリーを使っても作れます。使用する石けんによりできあがりが異なるため、水の量を加減してください。

材料
石けん(顆粒)　750g
ラベンダー(乾燥した花)　25g
水　500ml
オートミール　50g
蜂蜜　80g
ラベンダーのエッセンシャルオイル　10滴
飾りのラベンダー(乾燥した花)　大さじ1

1 鍋に水とラベンダーを入れて火にかけ20分間煮た後、漉して煎液を作る。
2 顆粒の石けんが手に入らない時は固形石けんをチーズグレーターですりおろすか、フードプロセッサーで顆粒にする。
3 ボウルに冷ました1の煎液320mlに、蜂蜜、2の石けん、オートミール、ラベンダーのエッセンシャルオイルを入れ、手で混ぜ合わせる。硬い場合は煎液を足す。
4 使いやすい大きさに形を整え(約10個)ラベンダーで飾り、トレーに並べる。
5 そのまま2～4週間、風通しの良い冷暗所で硬くなるまで乾燥させる。

ナチュラルソープ
Natural Soaps

ハーブやエッセンシャルオイルをふんだんに使った香りが良く質のいい石けんを使うと、何か特別なもてなしを受けたような幸せな気分になります。これは、苛性ソーダから石けんを作るレシピですが、意外に難しくありません。材料を調合する時は、魔女が秘密の薬を作っているような気分になり、石けんが固まるまでわくわくします。

材料
乾燥ハーブ(右頁参照)　大さじ4
オリーブオイル　458g
パームオイル　64g
ココナッツオイル　112g
苛性ソーダ　83g
水　400ml
着色用の乾燥ハーブ又はスパイス(右頁参照)　大さじ1〜2
エッセンシャルオイル　数種
(右頁参照)

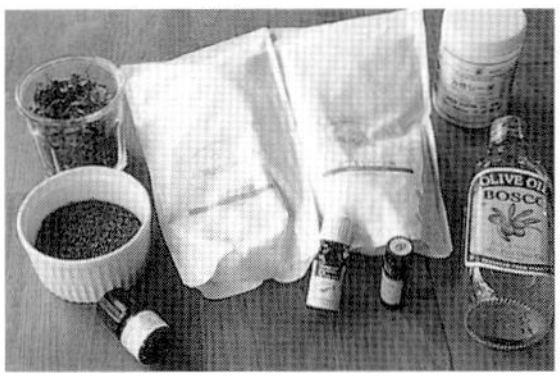

用意する器具
ガラス又はステンレスのボウル(2個)、200mlのカップ(1個)、デジタル表示の正確な秤 (1個)、大きな深鍋 (1個)、ステンレスのスプーン(1本)、ステンレスの泡立て器 (1本)、攪拌用ステンレス棒 (1本)、料理用温度計 (2本)、1リットルサイズのガラス製耐熱メジャーカップ(2個)、ゴムべら(1本)、1リットルサイズの牛乳パック(2個)、ゴム手袋 (1対)、タコ糸 (適量)、保温用に発泡スチロール箱又はダンボール箱 (1個)、氷、又は氷袋、眼鏡又はゴーグル、ワックスペーパー

★注意
油脂を乳化させる苛性ソーダ(水酸化ナトリウム)は、強いアルカリ性の劇物なので十分に注意して取り扱うこと。容器を洗う時も、必ずゴム手袋を着用して肌を傷めないように。苛性ソーダを攪拌する作業をする時は、必ず眼鏡やゴーグルをつける。苛性ソーダが肌についた時はすぐに流水で洗い流し、酢につけると火傷にならない。石けん作りはできあがるまで2〜3時間かかるので、十分時間にゆとりのある時に行う。

1 まず石けんを固める型を作る。2つの牛乳パックの1側面を切り開き、強度をつけるため二重にしホチキスでとめる。
2 鍋に水と乾燥ハーブを入れて火にかけ、20分煮て煎液を作る。煎液が冷めたら漉し、ガラス製耐熱メジャーカップに280ml入れる。
3 苛性ソーダ83gを正確に測り、別のガラス製耐熱メジャーカップに入れる。
4 3の苛性ソーダに2の煎液をゆっくりと入れて、攪拌用ステンレス棒で1分間透明になるまでかき混ぜ冷ます。混ぜると熱を出し約30秒間蒸気を出すので、蒸気が顔に当たらないようにゴーグルをかけて作業をする。
5 パームオイルとココナッツオイルは常温では硬いので、湯煎で柔らかくしてから、オリーブオイルを加える。
6 4のガラス製耐熱カップと5のボウルが両方とも40度になるよう、湯煎又は氷袋か氷水を使って温度を調整する。
7 苛性ソーダとオイルの温度が同じになったら、オイルのボウルに苛性ソーダをゆっくり入れ、泡立て器で20分間以上丁寧にかき混ぜる。とろみがでてクリーム状になるまで混ぜ続ける。
8 表面に模様が描けるくらい硬くなったら、エッセンシャルオイルと着色用のスパイス又は乾燥ハーブを素早く加えて混ぜる。
9 牛乳パックの型に8を注ぎ入れ、型が変形しないようタコ糸で縛り固定する。
10 9の型を保温用の箱に入れ、暖かい乾燥した場所に蓋をして2〜3日間おく。冬は、ウールの毛布で覆うと良い。
11 箱の蓋を取ってさらに12時間おいておく。
12 型から石けんを取り出しナイフで2cmの厚さに切り、ワックスペーパを敷いたトレイに並べる。暖かい乾燥した場所に、2〜3ヶ月おいたら使えるようになる。

4

6

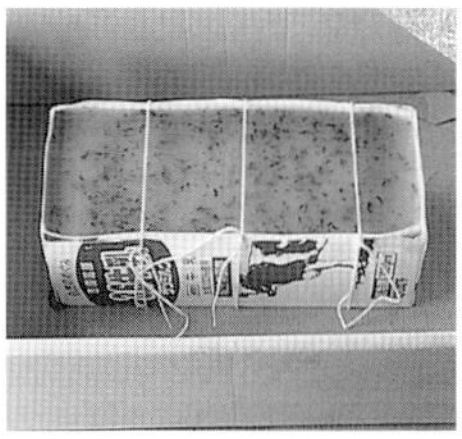

9

5

7

12

6

8

できあがり

環境のために私ができること

　大原に引っ越したその夜、私たちは床の間がある座敷に布団を敷き親子三人枕を並べて寝ました。他の部屋はまだ荷物が詰まったダンボール箱であふれていました。窓の外から聞こえる賑やかな蛙の合唱を聴きながら、疲れていたのであっという間に眠りに落ちました。

　翌朝目覚めた時、襖の山水画を朝陽が柔らかく照らしていました。まだ眠っている夫と子供を起こさないよう私は床を離れ、外に出てみました。松や梅の老木とつつじ、苔むした庭石が配置された庭を歩いた後、私は家の向かいの田んぼの土手の上に腰を下ろしました。草が茂る土手からはいくつかの配水パイプが突き出ていました。朝露に光る稲を見ていると、突然、白い泡だった液体がそのパイプのひとつから土手の下を流れる用水路に流れて行きました。「いったいこの白い水は何なのでしょう?」と私は不思議に思いました。しばらく経ったある日、家の周りの溝の掃除をしていた夫が言いました。「この家の生活排水はすべてこの溝を通って向かいの用水路に流れているね」。私は白い水のことを思い出しました。その水は私の洗濯機から流れた洗剤が混じった水だったのです。

　すぐ近くの金比羅山を水源とする宮川の水を引いた用水路は、私の住む町内の生活排水をも集め、途中で田畑に水を供給し高野川に流れこみます。それはやがて京都市街を流れる鴨川に合流します。鴨川では釣りを楽しむ人や水遊びをする子供たちもいます。見かけは美しい鴨川ですが、ずっと上流からその水は汚されているのでした。世界で最も経済的に豊かな国のひとつであるこの国で、しかも数々の国際的環境会議が開かれる国際都市京都で生活排水垂れ流しという現実を知り、私は驚きました。市街地に住んでいた時は、汚れた水の行方について深く考えたことがありませんでした。汚水の処理はすべて行政がやってくれるものだと思っていたのです。

　汚れた水を流すことが気にかかり、昔の人は何を使って洗濯や食器洗い、家の掃除をしていたのか調べてみました。昔の日本では灰、炭、米のとぎ汁、豆の煮汁、アルカリ性の粘土、ふのり、むくろじの実やさいかちの鞘、とろろあいという植物などが使われたそうです。また、髪の毛は酢や塩で洗い、ヘアーコンディショナーとして椿油が使われていました。

　約五〇〇〇年前、灰と羊の脂から偶然石けんのようなものができたという古代ローマ時代の記述が、人類最古の石けんだそうです。ヨーロッパで庶民が石けんを使うようになるのは一七世紀のこと。それまで石けんは高価なものだったので灰汁が使われていましたが、殺菌消毒や臭み消し、香りづけのためにハーブが使われていました。

　私はまず自分でできることから始めてみようと思いました。それで、環境負荷が高い合成洗剤の使用をすぐにやめました。石油から作られる合成洗剤の含有物質は完全には分解できず残留するということです。それで、環境に優しい石けんを使うことにしました。また、昔の人々のようにハーブを使ってみることにしたのです。

　まずは、ラベンダーを混ぜて固形石けんを作ってみました。一般に市販されているラベンダー石けんは鮮やかな紫色なのに、私の手作りのものは褐色になりました。鮮やかな色のものはきっと着色剤が入っているのだろうというのが私の結論です。ハーブの化粧水や保湿クリームを自分で作ってみて、嬉しいことに驚くほど安くできることも発見しました。ローズマリーシャンプーを作ってみましたが、私の頭皮の血行を良くし、ふけ取り効果もありました。黒髪にはヘアーコンディショニングの効果もあるそうです。また、ラベンダービネガーを少したらしてガラス食器をすすぐと輝くようにきれいになります。シーツをたたむ時ラベンダーウォーターで霧吹きしアイロンするといい香りがうつり、よく眠れるようになります。また、家具をラベンダー入りの蜜蠟で磨くと部屋にラベンダーの香りが漂い、大変な家事も喜びに変わります。

　こうして、生活にハーブを取り入れていくうちに、植物のこと、環境のことなど様々なことに気づかされ、興味を持つようになり、楽しみが増えていくのでした。

ローズマリーの食器用石鹸水
recipe page 38

ローズマリーの食器用石けん水

Rosemary Washing up Liquid

photo page 37

私は、肌あれの原因になり環境負荷が高い合成洗剤を使わず、粉石けんを使って身の回りのものを洗っています。昔の人々はどのようにして台所や衣服を洗っていたのか調べてみました。食器洗いには消毒殺菌効果があるローズマリーを煎じて、煎液を混ぜて石けん水を作ります。

材料

ローズマリー（約10cmの枝）　6枝

純粋粉末石けん　½カップ

水　1リットル

1 鍋にローズマリーの枝と水を入れ、蓋をして約20～30分間煮出す。

2 少し冷ましてから煎液を漉し、その中に粉末石けんを入れ完全に溶かす。

ラベンダーと蜜蠟の家具用ワックス

Lavender Beeswax Furniture Polish

photo page 32

私が子供の頃は、家の手伝いで木製の家具を蜜蠟で磨きました。家具の中には500年以上も経つ古い家具もありました。蜜蠟は蜜蜂の巣から作る蠟で、これで家具を磨くとつやが出ます。私は蜜蠟に亜麻仁油とラベンダーを加えました。亜麻仁油は、木製品の防腐剤の働きがあり、ラベンダーには防虫効果とリラックスする香りを出してくれます。

材料

蜜蠟　75g

石けん（砕いておく）　20g

ラベンダーのエッセンシャルオイル　10滴

亜麻仁油　1¼カップ

水　1½カップ

ラベンダーの花（ドライ）　大さじ3

1 鍋に亜麻仁油を入れ弱火にかけ、蜜蠟を溶かす。

2 別の鍋に水とラベンダーを入れて火にかけ、20分煮て漉し、煎液を作る。

3 **2**の煎液に石けんを溶かし、¾の量になるまで煮詰める。

4 **1**と**3**が冷めたら混ぜ合わせ、エッセンシャルオイルを入れる。

5 使いやすい容器に入れる。

ラベンダービネガー

Lavender Vinegar

イギリスの家庭では、春に大掃除をします。私はラベンダービネガーをキッチンの流し台、オーブン、ガスレンジ、洗面台、風呂を洗う時に使います。汚れがひどい時は、重曹を混ぜてクレンザーにします。また、水で薄めて、鏡や窓、グラスなどを磨いたりすることもできます。ラベンダーは防腐、殺菌効果があり、香りもさわやかです。

材料

酢　2リットル

乾燥したラベンダーの花　1カップ

1 容量2.5リットル以上のガラス容器に材料を入れ密閉し、窓辺などの日当たりの良い場所に1週間おく。

2 酢がピンク色になったら漉して、スプレー容器などに移し替えて使う。

ミントとステビアの歯磨きペースト

Mint & Stevia Toothpaste

歯にいいものばかりで作った歯磨きペーストです。フェンネルは口腔内をさわやかにし、重曹と葛粉で歯を磨くことで歯垢が減り、口臭を減らし、口の中をきれいに保ちます。ステビアはその甘みで歯磨きペーストの口当たりを良くし、ペパーミントは消毒作用があります。

材料

熱湯　100ml

フェンネルシード　小さじ2

葛粉　大さじ3½

乾燥ステビア　大さじ1

重曹　大さじ2

ペパーミントのエッセンシャルオイル　10滴

1 ステビアの葉をすり鉢ですって、なめらかな粉にする。

2 フェンネルシードを100mlの熱湯に入れ、約10分間おいてティーを作る。

3 ボウルに**1**のステビア、重曹、葛粉、ペパーミントのオイルを混ぜる。

4 **3**にフェンネルシードティーを硬さを見ながら大さじ2～3杯、ゆっくりと加えペースト状にする。密閉容器に入れて保存する。

ラベンダーウォーター

Lavender Water

ラベンダーウォーターは、様々な用途に使えて便利です。肌に付ければさわやかなオーデコロンになり、肌の調子を整えてくれ、熱いおしぼりに少量浸けて顔にあてると、めまいや頭痛が和らぎます。私は薄めて洗濯の仕上げリンスや、アイロンのスプレーにし、シーツにふきかけると、リラックスして眠れます。

材料

ラベンダー（乾燥の花）　50g

蒸留水　600ml

ウォッカ　60ml

ラベンダーのエッセンシャルオイル　6滴

1 蓋付きの耐熱ガラス容器にラベンダーを入れ、沸騰させた蒸留水を注ぐ。

2 **1**が冷めたらウォッカとエッセンシャルオイルを入れ、日当たりの良い場所に5～6日間おく。漉して瓶に移す。

★アイロン用スプレーを作るには、500mlの蒸留水にラベンダーウォーター大さじ3を入れてスプレー容器に入れる。

ラベンダービネガー。

ミントとステビアの歯磨きペースト。

Venetia's Cleaning Tips

ベニシア流エコ掃除術

掃除や洗濯に合成洗剤や塩素系漂白剤、酸性洗浄剤などの化学物質を使うと、強い作用できれいになりますが、水で流した後の化学物質はどこへ行くのでしょうか？
環境や人体に対する害を考えると、化学物質が入ったものの使用を控えたいと思います。
私が掃除や洗濯に使うのは、ハーブ、石けん、酢、レモン、重曹、塩、木炭、蜜蠟などです。

★ 衣類
粉石けんは、まずお湯で溶かしてから洗濯機に入れると、石けんのかたまりがなくなる。しみを取る場合は、重曹を半カップ洗濯機に入れる。さらに頑固なしみは、衣類のしみの部分に酢をつけて一晩おいてから洗濯すると良い。衣類の最後のすすぎに酢を半カップ加えると、衣類が柔らかくなる。

★ 食器類
ローズマリーの食器用石けん水 (recipe p38) を使いぬるま湯で洗う。ローズマリーには殺菌作用がある。石けんは合成洗剤のように手が荒れることはない。

★ まな板
レモン汁をまな板につけ、たわしでこすりしみを取る。レモンは天然の漂白剤で香りも良い。

★ グラス類
まず、ボウルいっぱいの水にラベンダービネガー (recipe p38) 半カップを準備する。ローズマリーの食器用石けん水で洗った後、ラベンダービネガーの入った水ですすぐとグラス類が輝く。

★ 窓ガラス
ラベンダービネガー1カップを1リットルの水で溶かしたものを新聞紙につけて磨く。

Pans, Sea Salt and Ashes

★ 流し、ガスコンロ、トイレ、バスタブ
重曹と酢を3：1で混ぜて重曹ペーストを作ると良い。
頑固なしみは重曹ペーストをつけて、数分間おいてから磨くと簡単に落ちる。
重曹はパンのふくらし粉としてだけでなく、医薬品や飼料、研磨剤、脱臭剤など様々な用途がある安全な物質。
酢は、良い香りにするためラベンダービネガーを作ると良い。

★ 焦げついた鍋、バーベキュー網
塩、木灰、あるいは重曹ペーストをつけ、たわしでこする。
ぬるま湯に数時間浸けてからこするとよく取れる。

★ 排水口
排水口に重曹 ¼ カップを入れ、その上から温めた酢1カップを流す。10分間そのままおいた後、熱湯を流す。魔法瓶についた汚れも同じ方法できれいになる。

★ 生ゴミ入れ
きれいに洗った後、重曹少々を入れて匂いを消し、ローズゼラニウムの葉を入れておくと嫌な臭いがしない。

★ 冷蔵庫
匂いを消すため、重曹や木炭を容器に入れて蓋をせずに、冷蔵庫に入れておく。冷蔵庫内部の汚れを落とす時は、ラベンダービネガーを使う。

★ 木製家具
ラベンダーと蜜蠟の家具用ワックス (recipe p38) で磨くと木が長持ちしてつやが出る。部屋全体も良い香りになる。

★ カーペット
重曹を振りかけて掃除機をかけると、臭いが消える。

Gardening ハーブの育て方

Preparing the Soil

まずは、良質な土を用意しましょう。

植物を育てることは、太陽、水、土、温度、
季節といった自然が相手の
時間がかかることです。
言うなれば、子育てと同じで、
短い時間で強引に操ることはできません。
それぞれの植物が何を欲しがっているのか、
愛情を持って観察することが大切です。
あせらずに自然のサイクルに合わせて、
ゆっくりそして毎日です。
すると自然に、植物たちが何を
欲しがっているのか、彼らの声が聞こえてきます。
そして、植物からは、季節といかに調和して、
毎日の生活の一瞬、一瞬を
どう楽しむかを教えてもらえます。
魂を充電して、心もリフレッシュさせてくれます。

手間暇かけた土作りこそ成功の秘訣

イギリスではガーデニング愛好家のほとんどが、自分で土作りをしています。安心で栄養成分の豊富な土が作れるからです。地面を60〜80cmの深さまで掘り起こし、その土から岩や石や雑草を丁寧に取り除きます。その土を手押し一輪車（又は50cm四方ぐらいの容器）に入れ、以下の材料を混ぜて、軽くほぐれる状態にします。土ができたら、掘り起こした穴に戻します。

手押し一輪車１台分の土の構成

7割　土	腐葉土　1カップ
2割　コンポスト	石灰　大さじ3
1割　砂	灰　大さじ4

ヒント

コンポストを作るのが無理であれば、代わりにピートモスを使って土を軽くしましょう。また、灰が手に入らない場合は、石灰の量を増やしてください。

ラベンダー、ローズマリー、タイムなどの地中海性のハーブなど、乾燥したアルカリ性土壌を好む植物には、土を酸性にするピートモスや腐葉土は混ぜないこと。代わりに、砂や細かい砂利、卵の殻を混ぜるとよく育ちます。

栄養成分に優れたコンフリーの液体肥料

コンフリーは高さ1.5mまで伸びる多年性の丈夫なハーブです。植物の栄養となる成分を非常に多く含むので、イギリスでは良質な有機肥料として利用されています。花や果実の生育に不可欠な栄養素であるカリウムが家畜糞の2〜3倍含まれていると言われています。その他、窒素、カルシウム、リン酸、炭酸カリウムが豊富で、有機栽培を目指している私のの必需品となっています。ただし、体内に入ると健康に害が出るという報告もあるので、あくまで肥料として使ってください。

コンフリーは日光と肥沃な湿土を好みます。世話をする必要はほとんどなく、1株に大量の葉が茂り、年に3、4回は収穫できます。コンポストを作るには、コンフリーを3本ほど植えれば十分です。

20世紀初頭にイギリス人研究家ヘンリー・ダブルデイが、コンフリーの有効性に最初に目をつけました。現在、彼の仕事はイギリスのヘンリー・ダブルデイ・リサーチ協会（H.D.R.A）というオーガニック協会に受け継がれています。

コンフリーの葉は繊維質が少なく、水に浸けておくとすぐに分解されて黒い液体となります。

作り方

1 プラスチック製の大きめのバケツに水を入れ、バケツの半分までコンフリーの葉を入れて蓋をする。

2 そのままおくと2ヶ月後には黒い液体となる。これを漉す。

★コンフリーの液体肥料の使い方

原液を15倍の水で薄め植物の根元の周りの土にかける。鉢植えの植物と地面に植えたばらには週1回、鉢植えの野菜には週3回、地面に植えた野菜や花には月1回やる。ハーブは基本的にたくさんの肥料を必要としないが、花を咲かせるハーブには、春夏に月1回、ローズマリーなどには年に1回やれば十分。

★鶏糞や牛糞の液体肥料もこの方法で作れる。生、あるいは乾燥した鶏糞や牛糞をスコップに1、2杯分メッシュの袋に入れ、水に1週間浸ける。

左のように黒くなったら液肥として使える。

Compost Making

コンポストを作りましょう。

良質なコンポストの作り方

台所の生ゴミや落ち葉や枯れた草花など庭から出るゴミは、自然界の微生物の力で分解されコンポストになります。以下の手順で、悪臭がなく、チョコレートケーキのように砕けやすいコンポストを作ります。コンポストの箱は、小さくても良いので、新しい材料を入れて分解させる箱と、使える状態のコンポストが入っている箱の２つがあると便利です。

1 上の絵のような木製、または金網製の箱を用意する。雨がかからないよう箱には蓋をつける。分解を手伝う微生物やミミズが土から入るよう底はつけず、箱を地面に置く。

2 箱の中に、乾いた材料と湿った材料とが層になるよう交互に入れる。まず乾いた葉を敷き、次に台所の生ゴミ（野菜、茶葉、コーヒー殻、小麦粉、残飯、パンなど）を入れる。ただし、肉や魚は入れないこと。その後に、コンフリー、枯れた花、刈った草などを入れるが、種がついた草は入れないように。植物の茎や小枝、藁など繊維質に富むものは、分解が進むのに必要な空気の層を作ってくれる。この順序で、層を幾重にも重ねる。

3 夏の暑い時期には、コンポストの温度が上がりすぎないよう、またコンポストが乾燥しすぎないよう、時々水をかける。

4 ２〜３ヶ月後に中身をひっくり返して混ぜると、微生物の働きを活性化させ、分解のムラを減らすことができる。

5 さらに１〜２ヶ月発酵させれば、できあがり。

いつでも庭仕事ができるように庭道具を並べている。

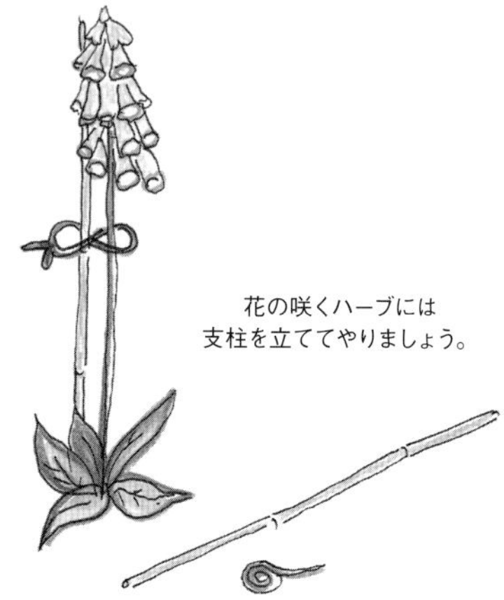

花の咲くハーブには
支柱を立ててやりましょう。

ハーブの管理

ハーブを育てるうえで、まず大切なのは雑草を抜くことです。
雑草が生い茂ると、日当りや通気性が悪くなります。
雑草が大きくなる前に、定期的に除草するのがポイント。
早春に、戸外で作業ができる気候になったら、除草を始めましょう。
この時期の雑草であれば、コンポストに入れても根を生やさず、分解されやすいです。

支柱立て

5月末頃には、ジギタリス、メドウセージ、ユリ、コーンフラワー(矢車草)など花を咲かせるハーブの丈が伸びてくるので、支柱を立ててやります。梅雨や台風の時期に強風でなぎ倒されることを防ぐためにも、支柱は必要です。ひもで8の字形に支柱と茎を結びつけます。

水やり

季節によってハーブが必要とする水の量は変化します。夏はたくさん必要ですが、秋には植物の活動が休止状態へと向かうのであまり水はいりません。冬の間は、庭の植物は原則として不要となりますが、軒下や室内に置いた植物や冬に花を咲かせるものには、必要に応じて水をやります。夏の水やりは庭に日差しが入らなくなる夕方以降にします。植物は夜の間に水を必要とします。冬は夜間に植物が凍えないよう朝に水やりをするのがいいでしょう。苗床は例外として、ほとんどの植物は、頻繁に軽く水やりをするよりは、たまに大量の水やりをする方が効果的です。水を植物の上にかけるのではなく、十分に土に染みこむよう与えてください。

ハーブの病気

ハーブの病気は、湿度が高すぎるために起こることがほとんどです。ハーブが繁殖しすぎたり、草が茂って日当たりや風通しが悪くなると要注意です。必ず除草と剪定を定期的に行いましょう。大抵のハーブの茎は柔らかく、濡れたままでは菌がつきやすくなります。液体肥料は植物に活力を与え、病気の抵抗力をつけてくれるので、必要であればコンフリーの液体肥料を与えてください。また、病気の植物の活力増進を助けるヤロウを近くに植えておくのもいいでしょう。
ハーブが落葉病にかかった時は間引き、葉の斑点がひどい株は取り除きます。レモンバーム、バジル、ベルガモットは梅雨時にうどん粉病にかかりやすいので、通気性が保てるようにします。うどん粉病にかかったら牛乳をスプレーするといいでしょう。ミントの葉が赤茶色の斑点となるさび病にかかったら株を取り除きます。

マルチング

地面を藁やコンポストなどの素材で被うマルチングは、夏の間は土の乾燥を防ぎ、雑草の発芽を抑えてくれます。冬は霜柱による根の隆起を防ぎ、寒さから植物を守ってくれます。コンポストや腐葉土などのオーガニックな材料のマルチングは、分解され土の栄養にもなります。アルカリ性の土壌にしたい場合は、コンポスト、もみ殻、卵の殻などを使います。酸性にしたい場合は、腐葉土、茶の出し殻などを使います。まず雑草をきれいに除去してから地表5cmまでマルチングしますが、茎には触れないようにしましょう。年に2回、11月後半と早春にマルチングします。

Mulching ~ Organic Fertilizers

マルチングは、有機肥料になります。

コンポストでマルチング。

卵の殻でマルチング。

枯れ葉や茶の出し殻でマルチング。

ハーブの殖やし方

ハーブの殖やし方には、挿し木、取り木、株分けなどの方法があります。
最初は園芸店で苗を買い、庭やコンテナに移植しますが、
だんだんハーブを育てるのに慣れてきたら、ハーブを自分で殖やしてみましょう。
バジルやチャービルなどの一年草のハーブは、種からすぐに育ちますが、
オレガノ、タイム、ローズマリーといった多年草のハーブは種から育てるには時間がかかります。
挿し木や取り木は、春から夏にかけての植物の生育が盛んな時に行いましょう。

種まき

春の庭作りに備えてディルやバジルなどの一年草ハーブを早めに育てたい場合は、最後の霜が降りる3週間前くらいから、室内のコンテナに種をまきます。目が粗い水はけの良い土にまき、種が水に浸らないようにします。
一年草のハーブを常に使いたい場合は、数ヶ月ごとに種を植えますが、7月下旬から8月末までは暑すぎてあまり発芽しません。ハーブの種は発芽までに数週間かかるものもあります。

1 コンテナに土を入れ表面を平らにして、適切な深さに種を植える。小さい種や中くらいの種は土の上にまばらに蒔き、ふるいにかけた細かい土を1cmほど被せる。大きめの種は鉛筆などで土に穴を開け、種を入れて土を被せる。非常に小さい種は土の表面に押さえつける。
2 種が流れないように注ぎ口の穴が細かいジョーロを使って土を湿らせておく。コンテナは換気の良いところに置き、発芽が始まったら日当たりの良い場所に置く。
3 双葉から本葉が出るまでは植え替えない。芽が多すぎる場合は間引く。
4 寒さに敏感なハーブは霜の恐れがなくなるまで外に出さない。室内で育てた苗は、しばらく屋外の屋根のある場所で外気に慣らしてから、庭に植え替える。

植えつけ

買ってきた苗を庭や鉢に植えつけするには、春や秋の曇りや雨の後など苗が乾きにくい日にします。夏の間は、気温が下がり始める午後3時以降に行いましょう。冬は、まずハーブの耐寒性を調べます。数日ほど軒下に置いて、外の気温に慣らしてから移植しなくてはいけない場合もあります。まず苗に水をかけ土を湿らせておき、コンテナから株を取り出し、根を広げます。植えつけるところの土に根がなじむように株の周りの土を固めます。最初の3週間ほどは、土の湿り具合に気を使いましょう。
ラベンダーやラムズイヤーなど、灰色系で綿毛に覆われた葉を持つハーブは、日当たりの良い場所に植えます。ゴールデンオレガノやゴールデンセージなど、葉が金色のハーブは早朝や夕方の日差しを好み、日中は日陰になるところを好みます。タンジー、ミント、レモンバーム、ヤロウは旺盛に繁殖しますので、コンテナに植える方が良いでしょう。

種の収穫と保存

たくさん種ができたら種を乾燥させて保存し、翌年植えましょう。コリアンダー、バジル、フェンネル、ディルは種を取りやすいハーブです。

方法
1 鞘付きのままのハーブを茎ごと刈り取る。
2 種が落ちないよう大きな紙袋などで包み風通しがいい軒下などに逆さに吊って1ヶ月ほど陰干しする。数種類のハーブを干す時は間違えないよう紙袋に名前を書いておく。
3 乾燥したら、紙袋ごと振って種を紙袋の中に落とす。落ちないものは手で取る。
4 種を集めて封筒などの紙袋に入れ、ラベルを付けて乾燥した冷暗所で保管する。

A pot of Herbs
コンテナのハーブ。

Smaller Herbs are then planted around the edge

コンテナには、
まず太い枝のハーブを真ん中に植えてから、
周りに背の低いハーブを植える。

種を干して、翌年まで保管しておく。

愛用している庭の手入れ道具

取り木

多年草ハーブの中には、茎が堅くても柔らかくても簡単に取り木で殖やせるものがあります。例えば、サザンウッド、セージ、ローズマリー、マジョラム、ウィンターサボリー、タイムなどです。

方法

1 元気が良くしなやかで長めの枝を選ぶ。地面に近いところにある枝が良い。

2 枝を地面に押さえつけて土をかける。枝を押さえるためにU字型に曲げた針金などがあれば便利。

3 枝が太い場合は、枝の先端から20～25cmのところにナイフで斜めに切り込みを入れると曲げやすくなる。

4 4～6週間そのままにしておくと根が出てくるので、そうしたら元の株から枝を切り離し移植する。

株分け

ハーブを殖やすのに株分けも有効な手段のひとつです。ハーブの株が大きくなってきたら、株を掘り出します。そして、手で引っ張って分けるか、スコップなどを使って株を切り分けてそのまま植えます。株分けは秋にするのがいいでしょう。

挿し木

センティッドゼラニウム、ミント、ベルガモットなどは最も簡単に挿し木ができるハーブです。7cmほどに切った茎を、水の入った花瓶に挿しておくと1週間ほどで根が出てくるので、それを土に植えます。他に下記の挿し木の方法で、キャットミント、月桂樹、サントリナ、ローズマリー、ラベンダー、ヘザー、ジャスミン、ハニーサックルなどが殖やせます。

方法

1 挿し木にするために健康な枝を7cmほど切り、枝の上部3分の1の葉を残し下部にある葉を取り除く。

2 枝の根元を栄養剤(ホルモンパウダー、園芸店で購入できる)に付ける。

3 軽くするためにバーミキュライトを混ぜた土をコンテナに準備し、そこに2の枝を挿す。

4 2～3週間ほど土の湿り具合に気を使い、根が出てきたら植え替える。

Pruning Herbs.

ハーブがよく育つためには
剪定が必要です。

ジャパニーズハニーサックル(スイカズラ)、
ジャスミン、ワームウッド(ニガよもぎ)、
サザンウッド(キダチよもぎ)、ラベンダー、
センティッドゼラニウム、グスベリーなどの
多年草は、春に細い茎や蔓が伸びていたり、
繁殖しすぎていたら10～30cmほど剪定する。

剪定

多年草のハーブは、健やかに育つために時々剪定してやることが必要です。春には、冬の間に枯れた茎や枝を取り除き、若芽が出るようしっかり剪定します。霜に弱いハーブは、寒くなったら剪定して屋内に移しましょう。

ラベンダー、ベルガモット、キャットミントは、
6月の開花後に咲き終わった花を摘む。

レモンバーベナ、センティッドゼラニウム、ユーカリ、
メキシカンセージ、パイナップルセージなど、
霜に弱いハーブは、寒くなったら剪定して
屋内に移す。大きすぎて屋内に移せない場合は、
厚めに藁を巻いて軒下に移し、霜害から守る。

タイム、コモンブルー(エニシダ)、ラベンダー、
ヒソップなどの多年草は、秋に茎を約3cm
切りこみ、春にまた約3cm切りこむと
広がりすぎず、よく育つ。

レモンバーベナ、セージ、ルー、
セントジョンズ・ワートなど茂りやすい
ハーブは、早春に新芽の手前の
ところまで枝を刈りこむ。

フィーバーフュー(ナツシロギク)、カモミール、
メドウセージ、メキシカンセージ、
パイナップルセージ、ベルガモット、オレガノなど、
花が咲く多年草のハーブは、晩秋に
葉が枯れた茎を地上5cmまで刈りこみ、
お正月に備えてきれいにする。

チャービル、バジル、ローズゼラニウム、パセリ、
コリアンダー、レモンバーム、ミントは、
枝や葉がよく茂るように、
伸びている茎の先端や花を摘む。

コンパニオン・プランティング

人生において私たちは多くの人と出会いますが、仲良くなれる人もいれば、そうでない人もいます。
相性が合う人とは友達になり、互いに高め合うことができますが、
性格がぶつかり合って一緒にいるとどちらも成長できず、結局、別々の道を選ぶこともあります。
ハーブや野菜の世界も人間と同じで、一緒に育てると互いに成長が促される組み合わせや、
また逆の組み合わせがあります。庭のどこに何を植えるか、
次の表を参考にしてください。

Tomato Likes Basil

相性の良い組み合わせ　互いの成長を促し、香りも良くなる。

いちご ▶ ボリジ、ほうれん草
アスパラガス ▶ パセリ
にんじん ▶ 豆類、玉ねぎ、リーク(ニラねぎ)
豆類 ▶ カリフラワー、サマーサボリー、フレンチマリーゴールド
ブロッコリー ▶ 玉ねぎ、じゃがいも、セロリ
トマト ▶ バジル、チャイブ、玉ねぎ、パセリ、フレンチマリーゴールド、にんにく
ナスタチウム ▶ レモンバーム
レタス ▶ リーク
キャベツ ▶ タイム、セージ、カモミール、ディル
茄子 ▶ ベルガモット、さやいんげん、おくら
ピーマン ▶ おくら、バジル、ベルガモット
トウモロコシ ▶ じゃがいも、豆類、きゅうり、かぼちゃ、ベルガモット、グリーンピース
かぼちゃ ▶ とうもろこし、ベルガモット
玉ねぎ ▶ カモミール
カリフラワー ▶ 豆類

Lettuce Likes Leeks.

Beans dislike Onions and Chives

相性の悪い組み合わせ　互いの成長を邪魔し、よく育たない。

豆 ▶ 玉ねぎ、にんにく、チャイブ、グラジオラス、フェンネル
ブロッコリー ▶ トマト、豆、いちご
カリフラワー ▶ トマト、いちご
きゅうり ▶ じゃがいも、アロマ系のハーブ
えんどう豆 ▶ 玉ねぎ、にんにく、グラジオラス
かぼちゃとラズベリー ▶ じゃがいも
トマト ▶ フェンネル、キャベツ、じゃがいも、とうもろこし
ラズベリー ▶ ブラックベリー
ワームウッド(ニガよもぎ) ▶ キャラウェー(ヒメウイキョウ)、フェンネル、セージ
フェンネル ▶ コリアンダー、ディル
にんじん ▶ ディル
バジル ▶ ルー
ルー ▶ セージ、バジル、キャベツ
フィーバーフュー ▶ ラズベリー

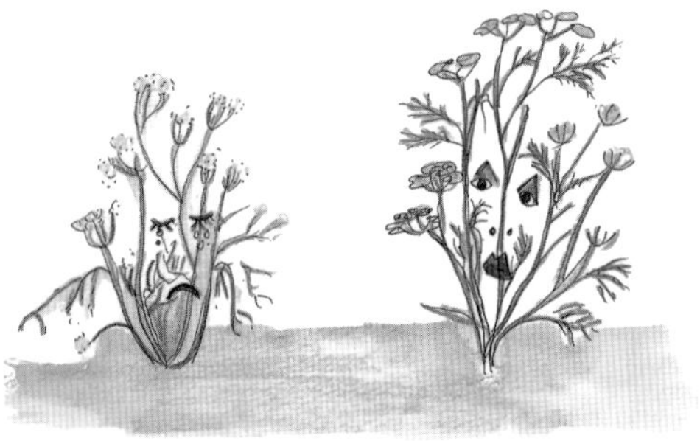

Dill dislikes Fennel

ハーブで害虫を寄せつけないようにしましょう。

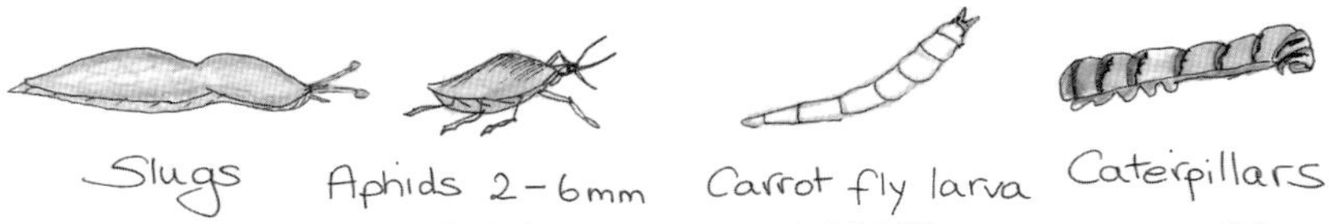

なめくじ　あぶら虫　にんじんばえ　毛虫

害虫除けになる
コンパニオン・プランティング

私の庭にはたくさんのハーブが植えてあるので、害虫に悩まされることはほとんどありません。化学合成の殺虫剤は一切使わず、自然のサイクルに任せるようにしています。野菜とハーブをうまく組み合わせて一緒に育てると、害虫を寄せ付けないようにすることができます。例を挙げてみましょう。

★トマトをバジル、ボリジ、又はしそと一緒に植えるとトマトに害虫がこない。

★にんじんと玉ねぎを一緒に植えると、にんじんの害虫であるにんじんばえが寄りつかない。

★葉牡丹と平豆を一緒に植えると、葉牡丹にあぶら虫やはなばえが付かない。

他にも、野菜の近くに植えると、害虫除けとなるハーブがたくさんあります。

庭や畑で

野菜や植物の害虫除けとなるハーブをリストにしてみました。

［毛虫］　ルー、サントリナ、カレープラント、フレンチマリーゴールド
［あぶら虫］　フレンチマリーゴールド、ナスタチウム、ポピー、ミント、スペアミント、チャイブ、にんにく、パセリ、バジル、キャットニップ、キャットミント、西洋ワサビ
［ぶよ、あぶら虫］　バジル、ラベンダー
［しょうじょうばえ］　バジル、タンジー
［なめくじ］　にんにく、チャイブ、ワームウッド(ニガよもぎ)、ルー
［にんじんばえ］　ワームウッド
［ゾウムシ］　にんにく
［コナガ、アオムシ］　ナスタチウム、ペニーロイヤルミント、ワームウッド、フレンチマリーゴールド、リーキ、ヒソップ
［コメツキムシなどの幼虫］　ボリジ、バジル、しそ
［ばらのあぶら虫］　ミント、チャイブ

家の周り

次に挙げるハーブをコンテナに植えて窓辺や犬小屋のそばに置けば、虫除けになります。

［蟻］　タンジー、ミント、ペニーロイヤルミント
［のみ］　ラベンダー、ミント、フェンネル、タンジー、ペニーロイヤルミント
［蚊やぶよのなどの小虫］　ペニーロイヤルミント
［蚊］　カモミール、センティッドゼラニウム、ペニーロイヤルミント、ローズマリー、セージ、サントリナ、ラベンダー、ミント

下記のハーブを庭に植えると、益虫を呼び寄せてくれます。
［草かげろう］　ヤロウ(ノコギリソウ)、カモミール
［てんとう虫］　ポットマリーゴールド、ヤロウ、たんぽぽ
［はなあぶ］　ヤロウ、ディル、フェンネル

庭の害虫を食べてくれる
大歓迎の虫たち。

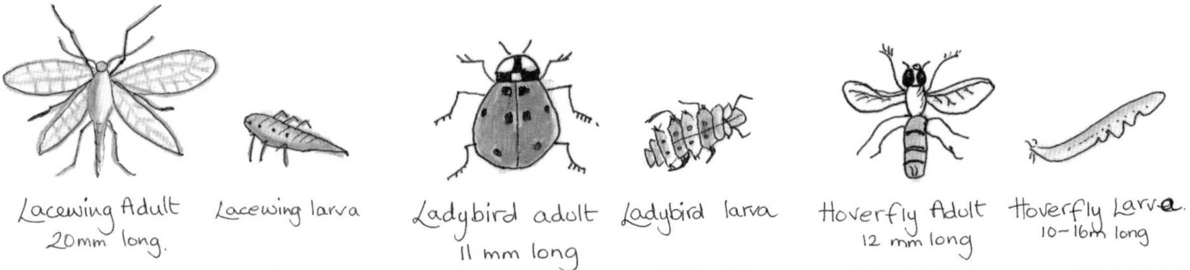

草かげろうの成虫　草かげろうの幼虫　てんとう虫の成虫　てんとう虫の幼虫　はなあぶの成虫　はなあぶの幼虫

夏 Summer

雨上がりの三千院往生極楽院を訪ねました。

雨雫がたたく三千院の庭にある弁天池。涼を求めて三千院の横を流れる呂川の沢床に下りてみました。

虫と共に暮らす

ここ大原では、カナカナと鳴く蜩《ひぐらし》のもの悲しい鳴き声が聞こえるようになると、梅雨が去り夏がやって来たのだということを知らされます。夏の二ヶ月間、夕方の庭の水撒きは毎日欠かせない大切な仕事のひとつです。やがて、蜩《ひぐらし》の季節が終わるとつくつくぼうし、その次は秋の虫に変わっていきますが、その頃になるともう、毎日水撒きをする必要がなくなります。

それにしても日本はなんと虫が多い国なのでしょう。イギリスで私が知っている虫といえばごくわずかで、せみのように鳴く虫の声をイギリスで聞いたことがありませんでした。ここ大原のハーブガーデンにはたくさんの虫たちがやって来ます。あまり来てほしくない害虫もいれば、大歓迎の益虫もやって来ます。家はいつも戸を開け放っているので、とんぼや蜂や蝶が家の中を飛び抜けて行ったりすることもあります。

夜は蚊帳《かや》の中で寝ます。今の時代、蚊帳を買える店を見つけることは本当に難しいのですが、私は古道具屋で見つけました。起きている間は除虫菊から作られた蚊取り線香を焚きますが、寝る時は煙がどうしても気になるので、蚊帳が欠かせないのです。また、畑で作業する時やキャンプに行く時は、自家製の虫除けスプレーを肌に塗ります。これは、虫除け効果の高いシトロネラとレモングラスで作ります。

衣類を虫食いから防ぐためには、ラベンダー、よもぎ、タンジーを綿の袋に詰めたサッシェを作り、タンスの中のあちこちに置いておきます。オリスルート（ニオイショウブ）パウダーはカーペットの防臭だけでなく、だに除け効果もあります。また、ユーカリやサザンウッドもだに除け効果があります。豆類や小麦粉を保存している瓶の中にベイリーフの葉を数枚入れておけば穀象虫がやって来ません。

私は庭にたくさんの種類のハーブを植え、害虫が来ない工夫をしています。ペニーロイヤルミントは低く這うミントで、踏み石と踏み石の間の目地などでもよく育つので、土の部分を緑で覆い雑草を防ぐために適しています。蟻や蚊はペニーロイヤルミントを嫌がるので、私は家の周りに植えています。南アフリカ原産のセンティッドゼラニウムは、ローズ、アップル、レモン、オレンジ、アプリコット、ストロベリーなどの甘い香りがします。この香りと美しい花を楽しめるハーブは蚊と蛇を寄せ付けない作用があるので、南アフリカでは家の周りに植えるそうです。寒さに弱いのでここ大原では鉢植えにして冬季は家の中に入れ、夏の間は窓の外に鉢を並べています。また、ヨーロッパでは、キッチンの窓辺にバジルやルーの鉢をよく置いていますが、これははえ除けになります。

菜園を作る場合は、野菜の近くに虫除け効果のあるハーブ、例えばワームウッド、バジル、フレンチマリーゴールド、ナスタチウムなどを植えれば、あぶら虫やいも虫、なめくじ、かたつむりを防ぐ効果があります。また、庭や菜園に益虫や害虫の天敵を呼ぶことも大切です。チャービル、コリアンダー、ディル、パセリ、ミント、ヤロウといったハーブは益虫を引き寄せてくれるうえ、美しい花を咲かせてくれるので、常に植えるようにしています。庭や畑は、掃除、草むしり、マルチング（地面を藁やコンポストなどで被うこと）、水やりをして常に健康な状態に保たせ害虫の隠れ場所がないようにしたいものです。

ある学者の研究によると植物は害虫から身を守る自衛策を持っているということです。ある程度の量の葉を虫や動物に食べられることにより元気になる植物がいくつかあります。ところが、一定レベル以上の量を食べられると、食べ尽くされて枯れてしまわないように、自衛のためにある物質を合成するそうです。そういえば、私の夫はコリアンダーが大好きですが、蕾がつくぐらいに生長すると味が変わったと言って食べなくなります。コリアンダーは花を咲かせ種を作るためにまずくなって、私の夫から身を守っているのではないでしょうか。

虫除けサッシェ

愛犬用ハーブバス
Rusty's Herbal Bath

ペットのために、虫除け効果のあるハーブを詰めてクッションを作ってやると、のみやしらみを防いでくれます。乾燥ペニーロイヤルミントは特にのみに効果があり、パインのエッセンシャルオイルを数滴垂らすとさらに効果的です。猫用に乾燥キャットニップ(イヌハッカ)の葉をクッションに詰めると、猫はのどを鳴らして喜びます。時々、大原に散歩にくる友人のチャールズの愛犬、ラスティーのためにこのハーブバスを作りました。

材料
ペニーロイヤルミント、ペパーミント、ローズマリー、サントリナ(乾燥又は生の枝葉。全部で約200g)
水　2リットル
ぬるま湯　3リットル

1 鍋に水とハーブを入れ、約30分間煮て漉し煎液を作る。
2 1とぬるま湯をバケツに入れる。
3 ペットを洗う時、最後に2の液体でリンスする。

★のみ退治のためにペットの首輪を2の中につけても良い。

ラスティーはハーブバスが大好き。

ハーブ虫除けスプレー
Gardener's Insect Repellent Spray

虫除け効果があり、いい香りがするエッセンシャルオイルで作ったこの防虫スプレーを、夏の庭仕事や野山をハイキングする時に脚や首、腕などにスプレーします。ラベンダーは虫除け効果があるうえ、気分をさわやかにしてくれます。シトロネラとレモングラスは虫除け効果の高いハーブです。レモングラスは脱臭効果もあります。

材料
エチルアルコール　1カップ
精製水　2カップ
シトロネラのエッセンシャルオイル　16滴
レモングラスのエッセンシャルオイル　12滴
ラベンダーのエッセンシャルオイル　12滴

1 すべての材料を混ぜ合わせ、スプレー容器に入れる。

園芸用殺虫スプレー
Natural Insect Spray

これは、野菜や園芸用植物に付く害虫を駆除する殺虫剤です。農薬の危険性についてはすでに多くの人が知っています。ワームウッドやよもぎは、なめくじや蛾を防ぐなどハーブは自然に防虫作用を持っているものがあります。ばらなどどうしても害虫が付いてしまう植物には、このハーブ殺虫スプレーをかけるといいでしょう。

材料
ホワイトリカー　1リットル
赤唐辛子　½カップ
にんにく　5片
ワームウッド又はよもぎ(乾燥又は生の葉)　½カップ

すべての材料を透明のガラス瓶に入れ、2ヶ月間日当たりの良い場所に置いた後漉す。長期間保存できる。使う時は、10倍の水で薄める。手袋をして風のない日に害虫にスプレーしましょう。

長年使っている愛用のブラザーミシンで作る。

虫除けサッシェ
Herb Moth Bags

虫除け効果があるハーブをサッシェにして箪笥に入れたり、洋服と一緒にハンガーに吊るすと、衣類の虫食いを防げます。コリアンダーかオリスルートのどちらかを入れておくと、ハーブの香りが長持ちします。下記の乾燥ハーブをそれぞれ一握り分を混ぜ合わせて、サッシェを作りましょう。

材料
ラベンダーの香りのブレンド
　よもぎ
　ラベンダー
　タンジー
　ローズマリー
　コリアンダー　大さじ2
ミントの香りのブレンド
　セージ
　サントリナ
　ペニーロイヤルミント
　オリスルート　大さじ2
袋　綿の生地、リボン

1 生地を10cm×15cmの長方形に切り3方を縫い袋を作る。
2 ブレンドしたドライハーブを詰めリボンで口を閉じる。中身のドライハーブを詰め替えれば毎年使える。

園芸用殺虫スプレー。

屋根から垂れるツクシイバラが縁側を飾ります。ハーブがたくさん育つ私の庭からは、窓が開けっ放しでもあまり蚊が入ってきません。

右の頁はスペインのパティオをイメージして作ったスパニッシュガーデン。家の裏に回りこんだところにある派手な色彩の庭なので訪れた人は皆驚きます。上はボリジの花。星形のこの花でアイスキューブを作ると美しい。その左は窓際に置いたセンティッドゼラニウムの鉢。これを置くと蚊や蛇を家に寄せ付けません。下は大きな古い鉄鍋に植えた桔梗とすすきのあるワインガーデン。左はポピーの花の上で昼寝している雨蛙くん。

美しくい続ける秘密

「美しくい続ける秘密は心の内面にあるんだよ」。これは死ぬ前の父から最後に聞いた言葉です。当時一三歳の私はその意味がよく分かりませんでした。

私が初めて化粧をしたのは一二歳で、友人たちとのパーティーに参加した時でした。会場で誰からもダンスに誘われないひとりぼっちな存在にならないよう、私は美しさに磨きをかけようとしました。髪にカールをかけてヘアスプレーをし、マニュキアを塗ります。ファンデーション、フェイスパウダー、アイライナー、アイシャドウ、マスカラ、アイラッシュ、口紅……。当時は派手なメイクアップが流行っていました。今思えば、一〇代の私は若く美しい素肌を持っていたのですから化粧の必要はなかったはずなのに、その頃は熱心に壁塗りのようなメイクを続けていました。

二〇歳でイギリスからインドへ陸路で旅をした時に、私は化粧品を使うことを止めました。旅の途中で会った現地女性たちが化粧なしでも本当に美しいことに気づいたからです。しかし、スキンケアのための化粧水や乳液、クリームといった基礎化粧品は、その後もずっと使い続けました。高い物の方が良いに違いないと思っていたので、結構お金を使ったものでした。ところが、大原でハーブを作るようになってからビューティーケア用品もあまり買わなくなりました。ハーブを使って自分で作るようになったからです。イギリスの手作りのレシピを参考にしながら、自分なりに試行錯誤でやってみました。

はじめは、ローズマリーシャンプーを作ってみたのですが、できあがったシャンプーは予想に反して褐色、次に作ったラベンダーソープも薄茶色に仕上がりました。私が予想していたのは、今まで買っていた大手メーカー製品のような美しい色、つまりローズマリーシャンプーは透き通ったグリーン、ラベンダーソープは薄紫色になると思っていたのです。なぜだろうと思って調べるうちに分かってきたことですが、既製品には着色や保存、発泡や乳化などのために化学的な添加物が入っている製品が多いということです。私が作ったものは色や泡立ちは良くないのですが、肌に優しく香りも自然で、どんな材料が入っているのか自分で分かっているので何より安心です。

化学的な添加物の一例を挙げてみましょう。最近、欧米で問題となっているフタル酸塩ですが、これはプラスティックの可塑剤として日常生活のあらゆるところで使われてきました。五〇年以上もの間、安全であるとずっと認可されていたわけですが、最近の研究で分かってきたことは、フタル酸塩は内分泌かく乱物質（環境ホルモン）であるということです。内分泌かく乱物質とは人体の正常なホルモン作用に悪影響を及ぼす物質で、特に胎児や乳児に強い影響があります。肌に直接塗る化粧品や乳児が口に入れるおもちゃにもフタル酸塩は使われており、マニキュアに含まれる量が特に多いそうです。

昔の人々は自然の植物や生物などからボディケア用品を作っていました。昔の日本では髪や肌の手入れに椿油、肌のうるおいにへちま水、肌のしみ抜きや肌を白くするために鶯の糞、紅花から作った口紅などを使っていたそうです。工業製品のボディケア用品が広まったのは戦後のことで、ここ六〇年ぐらいの短い歴史です。

皮膚は体の中で最も大きな組織で、寒暖や乾湿の差が激しく厳しい環境や、健康に害を及ぼす病原菌や有害物質から体を守る重要な働きを持っていますが、体外の物質を徐々に吸収し、そして呼吸しています。ですから皮膚に直接塗る化粧品は、体内に少しずつ吸収されています。その化粧品に有害物質が含まれていたら、健康に影響が出てくることは容易に想像できます。

コスメティック（化粧）の語源は、ギリシャ語のｋｏｓｍｅｔｉｋｏｓで宇宙との調和という意味だそうです。肉体と精神が宇宙と調和してバランス良い状態でいると美しくなれるという意味ではないでしょうか。健康で明るく前向きに生きていたら、年など関係なく生き生きとした目や、つやつやした顔、笑顔があふれ、美しさがにじみ出てくるはずです。父が言った「美しくい続ける秘密」とは、そういうことだと私は今思ってます。

Oregano Hair Rinse
Nasturtium + yozu Hair Rinse
Rosemary + Konbu Shampoo

ヘナの毛染めとコンディショナー
Henna Hair Dye & Conditioner

ヘナは北アフリカや南西アジア原産の低木植物です。その葉を乾燥させて粉にしたものがヘナパウダーで、毛染めやコンディショナーとして使われます。ヘナが髪の毛をプロテインで包みこみ、油分を閉じこめます。ヘナパウダーをそのまま使うと赤褐色に染まりますが、色を変えたい場合は、下記の材料を混ぜてください。ヘナを塗った後、ラップで髪を被った上から、スカーフなどでターバンのように巻いておくと、突然のお客様にもあわてなくてすみます。

準備する物
ヘナパウダー　1カップ
熱湯　1カップ
りんご酢　小さじ1～3
ガラスのボウル　1個
木製のスプーン　1本
ビニール手袋　1組

★コンディショニング効果を高める
　卵1個、ヨーグルト大さじ2
★明るい赤褐色に染める
　レモン汁1個分、酢大さじ3
★茶色に染める
　1日おいたコーヒー約1カップ
★黒く染める
　藍

上記のものをヘナパウダーに混ぜる場合は、熱湯の量を加減します。

1 染める1時間前にガラスのボウルに使う材料をすべて入れ、お粥くらいの硬さになるまで混ぜておく。
2 ビニール手袋をして、刷毛で髪の毛の根元に1を塗っていく。
3 髪全体にゆきわたるように、指でマッサージする。
4 ラップで覆うか、シャワーキャップをかぶり、1～3時間そのままおいておく。長い時間おいておくほど強く染まる。
5 水に色がつかなくなるまで、髪の毛をすすぎ、シャンプーで洗う。

★ヘナは金属と反応することがあるので、材料を混ぜるボウルやスプーンは、ガラスのボウルや木製のスプーンを使う。

ヘアートニック
Hair Loss Tonic

あなたのご主人は抜け毛や薄い毛で悩んでいませんか？私の弟が抜け毛で悩んでいたので、これを作ってあげたところ大変効果がありました。ジュニパーは消毒解毒作用があり、男性用香水に使われています。ローズマリーは毛根を刺激し、サザンウッドとカレンデューラは抜け毛を防いでくれます。下記の材料を混ぜ、ガラス瓶に入れるだけでできます。

材料
ジュニパーのエッセンシャルオイル　10滴
ローズマリーのエッセンシャルオイル　8滴
サザンウッド又はカレンデュラのエッセンシャルオイル　7滴
オーガニック・バージンオリーブオイル　小さじ10

1 シャンプーをする前に、このオイルを少し頭髪につけてマッサージし、タオルを巻いて2時間おいておく。
2 頭皮をよくマッサージしながら、シャンプーで洗い油分をとりのぞく。

ヘアーリンス
Hair Rinse

友人が我が家に泊まりに来ると、私は庭のハーブで、その人の髪質に合ったリンスを作ってあげます。ナスタチウムは髪のトニック作用があり、柚子とオレガノは髪の調子を整える働きがあります。リンスは冷蔵庫に保存し1週間以内に使い切るか、プラスチックの容器に小分けして冷凍保存しておきます。

○薄い髪を元気にする ナスタチウムと柚子のヘアーリンス

材料
柚子果汁　1個分
水　3カップ
ナスタチウム（生の花、葉、茎）
　2カップ

鍋にお湯を沸かしナスタチウムを入れ、蓋をして10分間沸騰させて煎液を作る。冷まして柚子の果汁を加え、漉して瓶に入れる。

○乾燥した髪にオレガノヘアーリンス

材料
水　3カップ
オレガノ（約10cmの枝、フレッシュ又はドライ）　10本

鍋に水とオレガノを入れ、蓋をして沸騰させ10分間煮て煎液を作り、冷えたら漉して瓶に入れる。

★できあがりの量はリンス1～2回の分量。薄めずそのまま洗面器に入れて、髪に何度もかけてよくなじませ、最後にすすがずそのまま乾かす。

カモミール・シャンプー
Chamomile Shampoo

私は薄茶色の髪をしている長女サチアと孫のキーマのためにこのシャンプーを作ります。カモミールは金髪や薄茶色の髪、又は薄く柔らかな赤ちゃんの髪の毛をきれいなつやのある髪にします。ふけやかゆみにも効果があります。夏は冷蔵庫で保存しましょう。

材料
熱湯　2カップ
カモミールの花（生又はドライ）
　大さじ4
砕いた石けん（又は粉石けん）　大さじ2
グリセリン　大さじ3
レモン汁　1個分

1 カモミールの花を30分間熱湯に浸して、漉す。
2 1が温かいうちに石けん、グリセリン、レモン汁を加え、よく混ぜる。
3 ガラス瓶に入れて、一晩ねかせる。
4 よく振って使う。

ローズマリーと昆布のシャンプー
Rosemary & Konbu Shampoo

ローズマリーにはトニック効果があり、毛根を刺激して髪質を強くし、髪の毛の再生を促します。また、抜け毛やふけも防ぎます。特に黒髪の自然な色を引き出してくれます。ミネラル成分を豊富に含んだ昆布は、髪につやを与えます。昆布を加えることにより、シャンプーにとろみがついて使いやすくなります。

材料
ローズマリー（乾燥、又は10cmぐらいの生の枝）　6枝
干し昆布（約10cm角）　1枚
生のローズマリー（飾り用）　1枝
ローズマリーオイル　2滴
水　3カップ
純粋粉末石けん　大さじ4

1 鍋にローズマリーと昆布、水を入れ、蓋をして沸騰させる。
2 沸騰したら火を弱め、20～30分煮て煎液を作る（蒸発しすぎた場合は、できあがりの煎液の量が2カップになるよう、水で調節しておくこと）。
3 2を漉して、その中に純粋粉末石けんを入れて溶かし、シャンプー用容器に移す。
4 3にローズマリーオイルと飾り用のローズマリーを入れる。

★しばらくすると褐色に変色するが、問題はない。2ヶ月以内に使い切るようにする。

○ヘアーリンスに使うハーブ

★薄くなった髪に
柚子、ライム、セージ、ローズマリー、キンセンカ
★ふけ予防に
ごぼう、カモミール、パセリ、ローズマリー、タイム
★養毛剤として
キンセンカ、ローズマリー、セージ、パセリ、クレソン、ナスタチウム
★乾燥した髪に
ごぼう、セージ、パセリ、オレガノ
★脂性の髪に
キンセンカ、レモン、ミント、ヤロウ、レモンバーム

セントジョンズ・ワートとココアバターのスキンケアクリーム

St. Johns Wort Cocoa Butter Cream

庭仕事や山登りの後、日焼けをしてしまったなと思った時は、このクリームで肌をケアします。これは、肌に優しいものだけで作っています。タヒチの女性は、海水と強い日差しから肌を守るためココアバターを肌に塗るそうです。ココアバターに含まれる濃厚な脂肪分は、皮膚を柔らかくする作用があり、セントジョンズ・ワート・オイルは、日焼けした体を程よく冷まします。そして、椿油は紫外線から肌を守ってくれます。

材料
ココアバター　80g
椿油　大さじ4
セントジョンズ・ワート・オイル　小さじ2
グリセリン　大さじ1

1 ボウルにグリセリン以外のすべての材料を入れ、湯煎にかけて溶かす。
2 泡立て器でかき混ぜる。
3 湯煎からおろし、グリセリンを加えて混ぜ合わせる。
4 ガラスの小瓶に入れ、固まらないよう必ず蓋をして保存する。

★アロエベラジェルを加えると効果が増します。

ジャスミンとラベンダーの保湿クリーム

Jasmine & Lavender Enriching Cream

保湿クリームは、毎日の肌の手入れに欠かせません。私のレシピには、鶯の粉とエッセンシャルオイルが入っています。鶯の粉は平安時代から使われてきた洗顔美容材で、含有する酵素の働きにより、肌を白くなめらかに保つ働きがあります。ラベンダーは肌の細胞の再生を促し、ジャスミンは敏感肌を活性化、サンダルウッドは乾燥肌に潤いを与えます。

材料
ベースクリーム　100g
ラベンダーウォーター　大さじ1
ラベンダーとサンダルウッドのエッセンシャルオイル　各4滴
ジャスミン又はローズのエッセンシャルオイル　8滴
鶯の粉　大さじ½

1 ラベンダーウォーターは事前に作り最低5～6日間ねかせておく(recipe p38)。
2 材料をボウルに入れてよく混ぜた後、蓋ができる容器に入れて保存する。

★ベースクリームは保存料や着色剤、芳香剤が入っていないものが望ましい。イギリスのアクエアスクリーム(Aqueous Cream)がお勧め。インターネットで入手できる。
★肌に張りを与えるには、上記の材料にさらにフランキンセンスのエッセンシャルオイルを2滴入れるとより効果的。

アロエの化粧水

Aloe Astringent

アロエは傷を癒す効用があると言われており、古代エジプトの人々は永遠の植物と考えていました。ピラミッドの中には、アロエの絵が描かれています。また、永遠の美しさを願い、肌の手入れにアロエを使ったクレオパトラは、この有用な植物を得るために戦争まで引き起こしたということです。

材料
ホワイトリカー　1.8リットル
アロエ茎 約250g(幅3cm×長さ10cm)
(アロエベラが最も効果がある)

1 アロエを洗い、乾かす。
2 ホワイトリカーの中へアロエを入れ、きれいなピンク色になるまで1～2ヶ月おく。
3 アロエを取り出し、小瓶に分けて保存する。アロエの茎を1～2切れ飾りに入れておく。1年以上もつ。

★通常の化粧水と同じように肌に直接塗って使う。アロエの葉の中のゼリー状のものを直接塗ると、肌に張りがでてくる。

化粧品になるハーブもすべて庭で育てている。

庭のばらの花びらをウォッカに漬ける。後ろはポットマリーゴールド・ローション。

ローズウォーター

Rose Water

ローズウォーターは香りがいいばかりでなく、肌をきめ細かく柔らかくする作用があります。そのままで香水や化粧水として使えますが、クリームやローションの材料にもなります。私は香りが良く薬用効果のあるばらを育てています。例えば、中世のイギリスでよく使われたと言われるアポサカリーローズ、ローズヒップティーに使うドッグローズや日本原産のハマナス、香りが強く大原では一番育てやすいツクシイバラなど。私は花びらを集めてウォッカに浸しておきます。

材料

ばらの花びら（生）　1カップ

ウォッカ　1カップ

1 密閉できるガラス瓶に花びらを入れ、ウォッカを加える。

2 蓋をしてよく振り、暗いところに6日間置いておく。その間、毎日振って混ぜ合わせる。

3 密閉できる色の濃い瓶に漉して入れ保存する。1年ぐらい保存できる。

ポットマリーゴールド・ローション

Pot Marigold Water

私は庭でポットマリーゴールド（和名はきんせんか、ラテン名はカレンデュラ）をたくさん育てています。このハーブは、皮膚をなめらかにし、切り傷や擦り傷を治す働きがあるので、私はスキンローションやスキンクリーム、石けんなどを作る時に使います。オレンジと黄色の花がありますが、オレンジの方が化粧品に適しています。花が開き始めた時に花びらを収穫し日陰で乾燥させます。ポットマリーゴールドは虫除け効果のあるフレンチマリーゴールド（くじゃくそう）とは別種ですから間違えないように。

材料

ポットマリーゴールド（乾燥させた花びら）　50g

水　1リットル

グリセリン　適宜

1 まずポットマリーゴールドの煎液を作る。 鍋に花びらと水を入れて沸騰させ、弱火で30分煮て漉す。

2 密閉できるガラス瓶に1のポットマリーゴールドの煎液とグリセリンを1:1の割合で入れ、瓶をよく振ってなじませる。

★余ったポットマリーゴールドの煎液は冷凍しておき、次にローションまたはスキンクリームや石けんを作る時に使うとよい。

ホホバの メイクアップリムーバー

Native American Jojoba Make up Remover

ホホバはアメリカ南西部の砂漠地帯原産のハーブ。種子から採れる上質のオイルは、肌をトリートメントする効果が高く、地中海地方にはオリーブオイル、オーストラリアにはティートリーオイルがあるように、ネイティブアメリカンの間で何世紀にもわたって使われてきました。

材料
コットンパッド　4枚
ホホバオイル　4滴

1 4枚のコットンパッドをぬるま湯で濡らして固く絞り、1枚に1滴ずつホホバオイルを落とす。
2 1のコットンパッドのうち2枚を使う。まぶたの内側から外側に向かってアイメイクアップを拭き取る。
3 別の2枚のコットンパッドで残りの化粧を拭き取る。
4 顔を水ですすぎ、タオルで顔を軽くたたくように拭く。

抗セルライトオイル

Anti Cellulite Oil

中年になると女性は腰や太ももにセルライトがたまりやすくなります。セルライトとは皮下脂肪の塊のことで、血液やリンパの循環が悪くなることによってできます。このオイルはセルライトを取り除く働きがあります。レモンは血液の循環を良くし、ジュニパーは皮膚に張りを与え、フェンネルは皮膚をなめらかにしてくれます。ホホバオイルと小麦胚芽オイルがベースオイルです。

材料
ホホバオイル　½カップ
小麦胚芽オイル　　大さじ1
ジュニパーのエッセンシャルオイル　10滴
レモンのエッセンシャルオイル　5滴
フェンネルのエッセンシャルオイル　5滴

全部の材料をしっかり蓋が閉まるガラス容器に入れよく振る。
入浴後、足や腰に抗セルライトオイルを塗り、肌にすり込むよう円を描くようにマッサージする。

マウンテンエアー・アフター シェービング・ローション

Mountain Air Aftershave

数年前、イギリスの友人でガーデンデザイナーのチャールズが、日本庭園の研究のためしばらく我が家に滞在していました。彼が毎朝使っているアフターシェービングローションの香りがとても素敵だったので、どこで手に入れたのか聞いてみると自家製とのことでした。私はさっそく彼に作り方を習いました。ウィッチヘーゼルは切り傷に、シダーウッドは肌あれに良いハーブです。サイプレスは、アストリンゼント効果、レモンは血液の循環を良くし、ローズマリーは肌を刺激し、サンダルウッドは乾燥肌を助けます。

材料
シダーウッドのエッセンシャルオイル　6滴
サイプレスのエッセンシャルオイル　2滴
レモンのエッセンシャルオイル　2滴
ローズマリーのエッセンシャルオイル　2滴
サンダルウッドのエッセンシャルオイル　2滴
ウィッチヘーゼル　1カップ

1 すべてのエッセンシャルオイルとウィッチヘーゼルを混ぜる。
2 オイルの効能が逃げないように、色のついたガラス瓶に入れて密閉保存する。

ハーブフェイスパック
Herb Face Packs

フェイスパックは、肌の表面の不純物を排出し、血液の流れを良くして肌を引き締めます。ここでは普通肌、脂性肌、乾燥肌の３種類のハーブパックを紹介しますので自分の肌に合ったものを試してみてください。使い方は、下記の材料をミキサーでどろどろの状態にしてから肌に塗り、15分ほどおきます。後はぬるま湯で洗い流し冷水で肌を引き締めます。

◎ 脂性肌にセージとりんごのパック

材料
りんご（皮をむき粗切り）　１個
蜂蜜　大さじ２
セージ又はヤロウ（生の葉をみじん切り）
　15g
オートミール　大さじ３
精製水（又はミネラルウォーター）
　大さじ２

★セージはクレンジング作用があり、毛穴を引き締める。オートミールは肌の不純物を、りんごの酸は肌の脂分を取り除く。蜂蜜はにきびに効果的。

◎ 乾燥肌にアーモンドとハーブのパック

材料
アーモンド　一握り
卵黄　１個分
スウィートアーモンドオイル　小さじ２
イースト菌（ペースト）　11g（1袋分）
生のナスタチウム、マーシュマロウ、ボリジの中から適当に一握り

★ナスタチウムは、しみを薄くするのに使われる。マーシュマロウは、皮膚を柔らかくする。スウィートアーモンドオイルは肌につやを与え、卵は保湿効果があり乾燥肌に効果的。ボリジも乾燥してあれた肌に良い。アーモンドは肌の不純物を取り除く。イーストにはビタミンやミネラルが多く含まれており、クレンジングに使われる。

◎ 普通肌にグリーンハーブパック

材料
フェンネル（生の葉）　適宜
ミント（生の葉）　適宜
レディスマントル（生の葉）　適宜
（ハーブは３種類で二握りの量）
オートミール　　大さじ３
精製水（又はミネラルウォーター）
　大さじ５

★フェンネルはクレンジング作用や鎮静作用があり、ミントは肌を活性化させる。レディスマントルは、敏感肌を落ち着かせ、広がった毛穴を引き締める。

フェイシャルスティーム
Facial Steam

フェイシャルスティームとは洗面器に入れたハーブやエッセンシャルオイルにお湯を注ぎ、蒸気を顔に当てる美容法です。蒸気の熱が発汗を促し、汗と共に毒素を排出して血行を良くします。また、蒸気に溶け込んだハーブの成分が皮膚より吸収されます。アロマセラピーの効果もあり、体と心に優しく働きかけます。

1 自分の肌に合うハーブやエッセンシャルオイルを準備する（下記参照）。ドライハーブを使う場合は大さじ４杯が目安。エッセンシャルオイルを数滴使っても良い。
2 化粧を落とし顔をよく洗う。
3 洗面器にハーブを入れ、沸騰させたお湯6カップを注ぎ入れ軽く混ぜ合わせる。
4 蒸気が上がってきたら、顔を水面から15cmくらいに近づけ、湯気が逃げないように頭からバスタオルをかけ洗面器ごと覆う。
5 目を閉じて気持ちを穏やかにし、約10〜15分そのままにしている。
6 冷水で顔をすすぎ毛穴を引き締める。
★ 普通肌なら週に1回、乾燥肌なら月2回、脂性肌なら週2回行うと効果的。

◎フェイシャルスティームとハーブフェイスパックに適したもの
★ 乾燥肌または敏感肌に
ボリジ、パセリ、レディスマントル、スウィートバイオレット（花と葉）、
エッセンシャルオイルは、サンダルウッド、クラリセージ、ジャスミン、ローズ
★ 脂性肌に
セージ、ヤロウ、センティッドゼラニウム、キンセンカ（花）
エッセンシャルオイルは、レモングラス、ベルガモット
★ 疲れた肌に
レモンバーベナ、タンジー（花と葉）
エッセンシャルオイルは、ネロリ、サイプレス、フランキンセンス
★ アトピーや軽い皮膚の炎症の緩和に
アロエ、フェンネル、エッセンシャルオイルは、カンファー、シダーウッド
★ 一般的な肌のクレンジングに
ウィンターサボリー、クレソン、アップルミント、レモンバーム、ばら（花）、チャービル、
ラベンダー（花）、スペアミント、タイム、エッセンシャルオイルは、カモミール、ゼラニウム
★ 脂性肌のクレンジングやにきびのために
フェンネル、レディスマントル、はこべ、ローズマリー、タイム
エッセンシャルオイルは、シダーウッド、ラベンダー、カンファー
★ 肌を引き締め張りを与えるために
アロエ、チャービル、エッセンシャルオイルは、フランキンセンス

（ハーブは特記がなければ葉を使用する。ハーブフェイスパックに使う場合は、エッセンシャルオイルは１滴で十分。フェイスパックには、柔らかいハーブが適している）。

バラの花びらのポプリ

recipe page 70, 71

バス用ハーブ

◎お風呂に使うハーブ、又はエッセンシャルオイル

★体に刺激を与え元気にする
バジル、レモンバーベナ、フェンネル、ローズマリー、ラベンダー、ベルガモット、ゼラニウム、レモン
★リラックス効果がある
アップルミント、レモンバーム、カモミール、ジャスミン、バレリアン、サンダルウッド、ローズ、ネロリ、イランイラン
★高いヒーリング効果が期待できる
スペアミント、ヤロウ、レディスマントル、げんのしょうこ、よもぎ、どくだみ
★筋肉痛を和らげる
月桂樹、びわ、ローズマリー

◎柚子のお風呂

我が家の庭にある柚子の木は、秋にたくさん実をつけるので、寒くなってきたら柚子風呂を楽しみます。柚子は血行を促進すると言われ、体が芯から温まり、冷えや腰痛、神経痛を緩和する効用が期待できます。柚子がない季節にはレモンやグレープフルーツを入れます。甘いみかんには柚子が持っているような薬効成分が少ないということです。

材料
柚子又はレモンやグレープフルーツ
（きめの細かい洗濯用ネットに入れる）
2～3個
レモンのエッセンシャルオイルかオレンジブロッサムのエッセンシャルオイル　2滴

◎日本の薬草のお風呂

photo page 69

織田信長の薬草園があったことで知られている滋賀県の伊吹山を登った後、山麓にある薬草風呂でよもぎ風呂に入りました。体がポカポカと芯から温まり、登山で疲れた筋肉や関節の痛みもすぐに治り驚きました。よもぎのお風呂は体を芯から温め筋肉痛とリウマチを緩和するということです。洗濯用ネットに入れたハーブを浴槽の湯に10分ほど入れるときれいな緑色になります。

材料
どくだみ（乾燥）　100g
げんのしょうこ（乾燥）　50g
よもぎ（乾燥）　100g
びわの葉（乾燥）　2枚

ばらの花びらのポプリ

Traditional Moist Rose Petal Potpourri

photo page 68

昔のヨーロッパでは、香りのあるハーブを部屋の床、特にダイニングルームやキッチンの床に撒き、室内の香りを良くしたそうです。それがエリザベス朝時代になると、ポプリを作るようになりました。ここではイギリスの伝統的な作り方、塩漬けにして発酵させるポプリを紹介します。

材料
ばらの花びら（生）　4カップ
スウィートマントルの葉（乾燥）　¼カップ
月桂樹の葉（乾燥）　¼カップ
オレンジ又はレモン、ライムなどの皮（乾燥）　½カップ
シナモン（粉）　大さじ1
メース（粉）　大さじ1
オールスパイス（粉）大さじ1
クローブ（粉）　小さじ1
ナツメグ（粉）　小さじ1
オリスルート（粉）　大さじ2
粗塩　2カップ
ばらの蕾（乾燥、飾り用）　1カップ

1 香りの良いばらの花びらを集め半乾燥させる。
2 大きめのガラス容器に花びらを敷き、塩をふるという作業を繰り返して、花びらと塩が層状になるようにする。
3 **2**の容器の蓋をせず、風通しの良い暗いところに10日間置いておく。
4 花びらの水分で固まった塩をほぐす。
5 飾り用ばらの蕾以外の他の材料すべてと**4**を混ぜ合わせ、密閉容器に入れ、1ヶ月半の間おき、時々かき混ぜる。
6 できあがったポプリは蓋のあるガラス容器に入ればらの蕾を飾る。

★ふだんはポプリを入れた容器の蓋を閉めておき、香りを楽しみたい時に蓋を開けるようにすると香りが長持ちする。
★オリスルートとはしょうぶの仲間の根のことで、すみれに似た香りを持ち、ポプリの香りを長持ちさせる定着剤としてよく使われている。

ハーブバス
Herb Baths

私が最も好きな日本の習慣のひとつは、ゆっくりとお風呂に浸かって温まり、リラックスすることです。西洋ではシャワーですませることが多く、日本のように毎日ゆっくりとお風呂に浸かることはあまりありません。浴槽の湯にハーブやエッセンシャルオイルを入れたハーブバスにすると、ハーブの薬効成分がお湯に溶けこんで肌から吸収されます。生や乾燥したハーブを使う場合は、洗濯ネットなどに入れてお風呂に浸けておくと良いでしょう。エッセンシャルオイルを使う時は、5〜6滴お湯にたらします。

庭で採れたカモミールでバスバッグを作って、友達にもプレゼントします。

◎ リラックスする ハーブオイルバス

ホホバオイルは、肌をシルクのように柔らかくし、ジャスミンやローズのエッセンシャルオイルは、リラックス効果と鎮静作用があります。ネロリのエッセンシャルオイルは、心を落ち着かせ不眠症に効果があります。

材料
ホホバオイル(ベース用)　15ml
ローズのエッセンシャルオイル　3滴
ジャスミンのエッセンシャルオイル　4滴
ネロリのエッセンシャルオイル、又はオレンジブロッサムのエッセンシャルオイル　2滴

1 ガラス瓶にすべての材料を入れてよくふって混ぜておく。
2 浴槽にお湯をはり5滴入れお湯をかき回す。アロマの蒸気効果を十分に得るためには浴室を閉め切っておくと良い。

◎ 筋肉痛を和らげる ハーブオイルバス

アーモンドオイルとアボガドオイルは、乾燥した肌に潤いを与えます。サンダルウッドのエッセンシャルオイルは疲労回復を助け、ユーカリのエッセンシャルオイルは関節痛や筋肉痛を和らげ、ラベンダーのエッセンシャルオイルは気分をすっきりさせてくれます。

材料
アーモンドオイル(ベース用)　5ml
アボガドオイル(ベース用)　10ml
サンダルウッドのエッセンシャルオイル　5滴
ユーカリのエッセンシャルオイル　4滴
ラベンダーのエッセンシャルオイル　3滴

1 ガラス瓶にすべての材料を入れてよくふって混ぜておく。
2 浴槽にお湯をはり5滴入れお湯をかき回す。アロマの蒸気効果を十分に得るためには浴室を閉め切っておくと良い。

◎ 肌をなめらかにする カモミールのバスバッグ

5月、カモミールの花が満開になる頃、私はこのバスバッグを作って友達にプレゼントします。カモミールのバスバッグのお風呂に入ると、肌がシルクのようになめらかになります。カモミールは乾燥肌や敏感肌に効き、オートミールは糠と同じく湿疹などの肌のトラブルを和らげる働きがあります。

材料
カモミール(乾燥させた葉と花)　大さじ2
ローズマリー(乾燥させた葉)　大さじ1
オートミール　大さじ10
ガーゼ　15cm x 15cm
リボン　適宜

1 ボウルにハーブを手で細かくむしり入れ、オートミールを加えて混ぜ合わせる。
2 ガーゼで**1**を包みリボンで縛る。
3 入浴する時浴槽に入れる。肌にバスバッグをこすりつけるとより効果がある。

8月

我が家に欠かせないハーブの薬

ハーブの薬草としての使い方について興味を持つようになったのは、四番目の子、悠仁を妊娠した時からです。その時私は四三歳で、子供を産むにはもうぎりぎりの年齢でした。

最初の結婚では三人の子供を産みましたが、その時まだ二〇代前半と若く、今思えばまったくの世間知らず。毎日仕事に追われ、ゆっくりと育児や家庭に目を向ける時間がありませんでした。それで、今度はいい母親になるために、二度目のチャンスを与えられたのだと思いました。妊娠したことをイギリスの妹に知らせると、家庭用医療の本を送ってくれました。

その本は風邪や腹痛などの日常的な軽い病気を家で治療する方法を解説した、近代西洋医療に加えてハーブやアロマセラピー、ホメオパシー、アユルベーダなどの東洋医療といったオータナティブな医療の観点からも書かれた実用書でした。赤ちゃんが肉体的にも精神的にも障害がなく健康で産まれてきてほしいと願っていた私に、その本は大きな影響をもたらしました。私はできるだけオーガニックな食べ物を選び、カフェインやアルコール飲料、医薬品を摂らないように気をつけました。

私が医薬品の代わりに目をつけたのはハーブでした。ハーブには医薬品のような副作用がありません。ハーブには多種多様な薬効成分が含まれており、それらの成分が体や心に穏やかな相乗効果を与えます。私はつわりを和らげるためレモンバームやカモミール、シナモン、しょうがでハーブティーを作って飲みました。ハーブに熱いお湯を注ぐだけで、ハーブが持つ薬効成分を内服することができます。薬を飲むというよりは、気楽にお茶を飲むといった感じです。味を楽しみ、また、湯気と一緒に出てくる香りは、アロマセラピーとしての効果もあります。

臨月になってからはラズベリーリーフティーを飲みました。ラズベリーの葉は子宮や骨盤の周りの筋肉を調整すると言われており、私のお産を楽にしてくれました。アフリカではお産のお茶として一般的だということです。出産は楽に進み、四二〇〇gの体重で産まれた悠仁は、産院始まって以来二番目の大きな赤ちゃんでした。

今では病気の予防や健康維持のためハーブは我が家になくてはならないものとなっています。風邪をひいた時はレモンの四倍ものビタミンCを含むローズヒップのハーブティーに蜂蜜を入れて飲みます。解熱にはヤロウとミントのハーブティー、のどの痛みにはタイム、柚子、しょうがで作ったシロップ、咳にはヒソップ、しょうが、タイムで作ったシロップを飲み、あとは暖かくしてゆっくりと寝ます。

「勉強が遅れて困るから……」と病院へ行き、注射や医薬品での早い治療を求めるお母さんたちが多いようです。しかし、私たちは病気になる必要があるから病気になるのではないか、と私は思っています。軽い病気になることにより疲れた体と心は休養を求め、熱や汗を通して体の中に溜まった毒素が外に出るのです。特に子供は軽い病気と何度も戦うことにより、免疫力をつけていくのです。軽い風邪や腹痛ぐらいで抗生物質などを飲んでいたら、本当にきつい病原菌が来た時、薬が効かない体になってしまいます。また、体が行う毒素の排出という作用（軽い病気にかかるということ）をストップさせたら、毒素が少しずつ体内に溜まり、それは成人病の原因につながっていくかもしれません。

医学は発展し続けているにもかかわらず、病院へ行く患者の数はいっこうに減りません。この頃特に先進国での心身症の患者は増えるばかりと聞きます。一方では、鳥インフルエンザ、エボラ出血熱、ＢＳＥなど新しい病気が次々に出現し、治療法がすぐに見つかるというものではないようです。近代西洋医学は万能であると信じた時代がもう過ぎてしまったことに、私たちは気づいています。ハーブは大昔から薬草として使われてきましたが、古くさく不要となった知恵ではありません。人類が培ってきたハーブの知恵が、いま再発見されています。

最も元気な時に収穫し乾燥させ、密閉容器に入れてラベルを付けて保存しています。戸棚の上には、実家の家族の写真を飾っています。

ハーブティー

Herb Teas

ハーブティーは味と香りを楽しむ嗜好品であるばかりでなく、薬草としての効果があります。ハーブの持つ多種多様な薬効成分は、体や心に穏やかな相乗効果を与えてくれます。ハーブティーには生と乾燥のハーブのどちらも使えますが、乾燥の方が味、香り、そして薬効も強く、生の方はまろやかです。

◆ハーブティーの入れ方
（標準的な１人分の量）
ティーポットに小さじ山盛り2杯（約5g）の乾燥ハーブと1カップの熱湯を注ぎ、蓋をして約10分浸出させます。生のハーブの場合は、約15gが標準量です。

◎ レモンハーブティー

レモンの香りがする4種類のハーブのブレンドティーです。乾燥させたレモングラス、レモンバーベナ、レモンバーム、レモンミントをそれぞれ同量分混ぜ合わせて、密閉容器に入れておきます。レモングラスは疲労を回復させ、レモンバーベナは気分をリラックスさせてくれます。レモンバームは不安や気分の落ち込みを和らげ、レモンミントは消化を助けると言われています。

◎ スペアミントとどくだみのティー

乾燥させたどくだみとスペアミントを同量混ぜて、密閉容器に入れておきます。どくだみは日本原産のハーブで多くの薬用効果があることから、“十薬（じゅうやく）”と呼ばれています。解毒作用や浄化作用があり、皮膚、血圧、咳、発熱、のどの諸症状を和らげると言われています。5～6月にかけての花の咲いている時が、ハーブティーを作るのにいい時期です。スペアミントは消化を助け、集中力を高めます。スペアミントのさわやかな味と香りが、どくだみの味を和らげ飲みやすくしてくれます。

◎ ヤロウとミントのティー

私はこのハーブティーを風邪をひいた時に飲みますが、1日に3回、6時間毎に飲むと効果があります。ヤロウは体の浄化作用と、発汗作用があり、ミントは鼻づまりに良いと言われています。ボウルミント、ジンジャーミント、ペパーミント、ブラックミントなどミントは種類を問いませんが、アップルミントは合いません。蜂蜜を入れると子供でも飲みやすくなります。乾燥させたヤロウとミントを同量混ぜて、密閉容器に保存しておきます。

梅干しとタイムのお茶

Umeboshi Thyme Tea

日本に来て間もない頃、私は岡山の山村に住んでいました。友人たちと飲みすぎたある翌朝、近所に住むおばあちゃんが二日酔いで苦しむ私に焼いた梅干しと番茶でお茶を作ってくれました。ヨーロッパでは二日酔いになるとタイムやボリジのハーブティーを飲みます。このお茶は和と洋のアイディアを取り入れた二日酔いのためのお茶です。ボリジは、カリウムとカルシウムに富み、強壮剤や血液浄化剤として使われているそうです。

材料
水　1カップ
梅干し　1個
タイム（生の枝葉5cm）　2本
ボリジ（生の葉）　1枚

1 梅干しを火であぶり、ほぐしてティーカップに入れる。
2 鍋にタイムとボリジと水を入れ沸騰させて5分間煮る。
3 **2**を漉して**1**に注ぎ3分間待って、いただく。

私のお気に入りハーブティー3種。

Venetia's Daily Tea Routine

ベニシアがお薦めするお茶の飲み方

私は、朝目覚めた時から、夜床に就くまでいろいろなハーブティーやお茶を飲んで、毎日体調を整えています。同じハーブティーを長期間飲み続けることは避けましょう。食べ物と同じで、様々な種類のものを摂取するようにします。以下のレシピはすべて２人分です。

Marsala Chai

AM 6:30 しょうが入りセイロンティー

1 大さじ１杯のしょうがをおろす。
2 水２カップにしょうがを入れて５分間沸騰させる。
3 ティーバッグを２袋入れ、２分間沸騰させる。
4 ミルク１カップを加える。
5 再度沸騰したら、漉してティーカップに注ぐ

★しょうがは、体を温め、体内をきれいにし、血液の循環を良くすると言われています。

PM 14:00 しょうがとセージのお茶

1 ２カップの水を沸騰させ、しょうがを加えて５分間煮る。
2 約５cmのセージ２枝をティーポットに入れる。
3 約６分間浸してから漉す。

★私はこのお茶を午後に飲むと、気持ちが高揚しエネルギーが出てきます。セージは、女性ホルモンのエストロゲンに類似した作用があり、活力を与え、ほてりや寝汗を緩和すると言われています。他に女性の更年期に良いハーブとして、アロエベラ、チェストツリー、ブラックコホシュなどがあります。

PM 15:00 朝鮮人参茶

このお茶は、夫のためによく作ります。作り方は、２カップの水を沸騰させ、朝鮮人参約8gを小さい鍋に入れ、20分間煮出します。好みで蜂蜜を小さじ１ほど入れると飲みやすくなります（市販されているエキスや顆粒をお湯で溶いて飲んでも良い）。

★朝鮮人参は、子宝を待つ男性や更年期の男性に良い効果があると言われています。活力を与え、精神を安定させる効果も期待できます。夫は少量を３週間続けて飲み、その後１週間休むことを繰り返していますが、そうすると最も効用があるようです。他に更年期の男性に良いハーブは、コリアンダー、甘草、シナモン、しょうがなどです。

PM 16:00 おいしいイギリスのお茶

1 やかんに水を入れて沸騰させる。水の中の酸素がお茶をおいしくするので、一度沸騰したお湯は使わない。
2 十分に沸騰したら、ティーポットに少量のお湯を入れ、ティーポットを温めておく。
3 １人につき小さじ１杯と、ポット用にもう１杯茶葉を入れる。
4 ポイントは、ティーポットをやかんのそばに持っていき、お湯が沸騰して泡が見えている間に、茶葉の上から注ぐ。
5 小さい葉のお茶の場合は、３〜４分間、大きい葉の場合は、５〜６分間経ってからティーカップに注ぐ。

PM 20:00 リラックスするためのハーブティー

寝る前に気持ちをリラックスさせるために、レモンハーブティーか、スペアミントとどくだみのブレンドティーを飲みます（recipe p74）。カモミールティーもよく飲みます。夜遅くなっても眠れない時は、バレリアンティーか、セントジョンズ・ワートのティーも良いでしょう。

家と庭と書いて家庭と呼びますが、私にとって家と庭には、はっきりとした境がありません。庭で過ごす時間は、ごはんを食べたり夜になったら寝るということと同様で、私の生活の一部となっています。庭の土の栄養や水分、日光は、ハーブや野菜を育ててくれ、私の生活に必要なものを与えてくれます。そして私自身にも限りないエネルギーを与えてくれるのです。

ハーブリキュール
Herb Liqueurs

ヨーロッパでは、ハーブの薬効は主にキリスト教修道院の僧侶によって伝えられえてきました。ほとんどの修道院ではハーブを育てていたので、人々は怪我をしたり病気になると修道院でハーブの治療を受けていました。ハーブリキュールも修道院から生まれました。アニスを漬けたペルノ、ワームウッドを漬けたベルモットなどは、今日有名になっています。

◎ 疲労回復を助ける ローズマリー・リキュール

材料
ホワイトリカー　1800cc
氷砂糖　800g
ローズマリー（生の枝葉10cm）　10本

材料をすべてガラス瓶の中に入れて、約1年間冷暗所に置き、飲む時はソーダか水で割り、レモンスライスを入れる。

◎ 胃の不調や軽い熱射病に良い レモンバーム・プラムリキュール

材料
ホワイトリカー　1800cc
氷砂糖　180g
梅　20個
レモンバーム（生の枝葉10cm）　15本

材料をすべてガラス瓶の中に入れる。3ヶ月したらレモンバームを取り出し、さらに梅が熟成するまで3ヶ月おく。

★私は庭でランチをする時に、梅酒パンチを作ります。梅酒2カップに、オレンジミントの葉6枚、6個分のオレンジ果汁、1個分のオレンジとレモンの薄切りを入れて、水かソーダ4カップをパンチボールに入れて作ります。

ミント風味の メロンときゅうりのサラダ
Melon and Cucumber Mint Salad

甘いメロンとヨーグルトが入って、ちょっとデザートのようなサラダですが、オードブルとしても出せます。子供たちは、一口大の大きさに切ったメロンボールが大好きです。ヨーグルトは腸の働きを刺激してくれるので、夏バテで食欲がない時でもおいしくいただけます。

材料（4人分）
メロン　½個
きゅうり　2本
ミニトマト　8個
スペアミント（生の葉のみじん切り）
　3枝分
あれば、サラダバーネット
（生の葉のみじん切り）　2枝分
ヨーグルトドレッシング
　フレンチドレッシング　大さじ3
　ヨーグルト　1カップ
　塩・こしょう　少々
　蜂蜜　大さじ1

1 メロンの種を取り、果肉をスプーンで丸い形にすくい取る。
2 ミニトマトは半分に切り、きゅうりは食べやすい大きさに乱切りする。
3 ドレッシングの材料を混ぜてヨーグルトドレッシングを作る。
4 1と2をサラダ皿に盛り付けヨーグルトドレッシングをかけて、ミントとサラダバーネットで飾る。

ミントシロップ
Mint Syrup

ミントの香りがさわやかなこのシロップは、アイスクリームやヨーグルト、かき氷にかけたり、水やソーダで割りレモンを添えると夏の飲みものになります。また、焼酎とソーダで割るとミント酎ハイになります。ミントは体のほてりを沈め、消化を助けてくれます。私はミントが元気に茂る春から秋にかけて、このシロップを作っています。

材料
ペパーミント又はスペアミント
（生の葉）　2カップ
砂糖　600g
緑色の食品用天然着色料（好みで）　1滴
水　800 ml

1 ミントの葉と水を鍋に入れ30分間煮て漉す。
2 1に砂糖を加え約10分間弱火にかける。濃いめのシロップにする場合は、砂糖を少し余分に加える。好みで緑色の着色料を加える。
3 瓶に入れ、冷蔵庫で保存する。

★鮮やかな緑色のシロップにしたい場合は白砂糖と着色料を使う。

Smiling Jizosan
sitting quietly in
the corner of the garden.
Ohara. 1998
Venetia.

ビオラの花のアイスキューブ。

しそジュース

Shiso Juice

6月になると、大原は名産の柴漬けの材料になるしその紫色で染まります。近所の池田おばあちゃんにこのレシピを教えてもらいました。85歳になる彼女は、このジュースを毎日飲んでいるせいか、とても元気でほとんど病気をしないそうです。赤じそと青じその両方を使うと、よりきれいな赤いジュースができます。最近の研究によると、しそは、風邪や食あたりだけでなく、花粉症やぜんそくなどのアレルギーを抑える働きがあるということです。

材料
赤じそ(生の葉)　100g
青じそ(生の葉)　200g
クエン酸　25g
砂糖　1kg
水　2リットル

1 大きめの鍋でお湯を沸騰させ、洗ったしその葉を入れる。再び沸騰したら弱火にして、さらに約10分間煮る。
2 火を止めてクエン酸を入れ、よくかき混ぜて溶けたら煮汁を漉す。最後の1滴まで搾り取るように。
3 煮汁を鍋に戻して中火にかけ、砂糖を加えよくかき混ぜる。アクを取り除き、一煮立ちしたところで火を止める。
4 煮沸して滅菌した蓋付きの瓶に入れて、冷暗所や冷蔵庫で保存する。

★飲む時は、水やソーダで約5倍に薄めて飲む。ミルクで割るとヨーグルトドリンクのように、とろみがある飲みものになる。

近くの畑でしそを採ってきたら、近所の典子ちゃんが下ごしらえを手伝ってくれました。

ハービー・ハンバーグ
Herby Hamburger

子供たちはハンバーグが大好きです。息子の悠仁は、ハーブがたっぷり入ったハンバーグを入れたバーガーを喜びます。これは、簡単に作れる風味のあるおいしいハンバーグです。

材料
牛肉または合いびき肉　400g
卵　1個
しょうゆ　小さじ1
玉ねぎ(みじん切り)　大1個
バター　大さじ2
生パン粉　40g
スウィートマジョラム、タイム、バジル
　(生の葉をみじん切り)　各小さじ3
パセリ(生の葉をみじん切り)　大さじ1
塩・黒こしょう　少々

1 フライパンにバターと玉ねぎを入れ、透き通るまで炒めた後冷ましておく。
2 ボウルに**1**と他のすべての材料を入れ、手でよくこねる。
3 **2**を4等分して形を整え、フライパンで焼く。まず強火で両面に焦げ目をつけた後、弱火にしてじっくり火を通す。

★パンにハンバーグ、レタス、スライスしたトマトをはさんでハンバーガーにしていただくか、ごはんや温野菜を添えてデミグラスソースをかけて出す。

子供が大好きなハーブたっぷりのハンバーグ。

チャービル入りマッシュルームスープ
Mushroom Soup with Chervil

ジャージー島に住んでいた頃、しばしば牧草地にマッシュルームを採りに出かけました。牛たちが動き始める前、まだ草が露に濡れている朝早い時間に。採れたてのマッシュルームの味は今でも忘れられません。チャービルからは、ビタミンCや鉄分、マグネシウムが摂取できます。

材料（4人分）
マッシュルーム
（石突きも入れて全部を乱切り）　120g
チキンストック　2カップ
生クリーム　⅓カップ
コーンスターチ　大さじ1
チャービル　大さじ3(生をみじん切り)
塩・こしょう　少々
ミルク　少々

1 鍋にチキンストックを入れ、マッシュルームを加えて約15分煮る。
2 **1**をミキサーに入れてピューレ状にし、鍋に戻して中火にかける。少量のミルク又は水で溶いたコーンスターチを加え、とろみがついたら弱火にし、塩、こしょうで味をととのえる。
3 火を止めて生クリームを加え、チャービルを飾って出す。

★マッシュルームの代わりに、しめじと椎茸を混ぜて作ってもおいしい。
★マッシュルームとタイムもよく合い、食欲をそそる。オリーブオイルでにんにく少々とスライスしたマッシュルームを炒め、塩・こしょうで味をととのえて、トーストしたパンにのせていただく。

夏の地中海風サラダ

Mediterranean Summer Salad

私が子供の頃、義父のダドリーは私たち兄弟をイギリスから地中海まで航海に連れ出してくれました。彼は、私にコックの役を任せ、いろいろな料理を教えてくれました。「いつか、きっと、素敵なお嫁さんになるよ！」と言いながら。このサラダはその時覚えた一品です。

材料（6人分）
赤ピーマン　4個
玉ねぎ（3mmにスライス）　1個
トマト（くし形に切る）　3個
卵（固茹でにして殻をむき4つに切ったもの）　4個
水菜、ロケット、ソレル、レタスなど好みの菜葉　適宜
フェンネル、バジル、レモンバジル、パープルバジル、しそなど　適宜
ナスタチウムの花　6つほど

◆ドレッシングの作り方

材料
粗塩　小さじ1
こしょう　小さじ½
赤ワインビネガー　大さじ2
オリーブオイル　大さじ6
にんにく（つぶす）　2片

1 材料を混ぜ合わせドレッシングを作る。
2 赤ピーマンをコンロの遠火でゆっくり焼き種を除いてスライスする。
3 サラダボウルに2と玉ねぎを入れドレッシングで和え30分マリネしておく。
4 3のサラダボウルの上にサラダ用スプーンとフォークを交差させて、その上に緑の野菜をのせる（こうすると緑の野菜がドレッシングに触れない）。
5 ゆで卵、トマト、ハーブで飾りつける。

地中海風鰻丼

Mediterranean Eel Donburi

夏野菜を煮た地中海料理のラタトゥーユと、日本料理の鰻の蒲焼きをミックスさせた私のオリジナル料理です。素早く簡単に作れ、夏の昼ごはんに良く、野菜の栄養もたっぷりです。バジルは疲労を回復し、記憶力や集中力を高める働きがあると言われるていので、昼からの仕事の能率をきっと高めてくれることでしょう。

材料（4人分）
茄子、パプリカ（乱切り、2cm角）　2個
玉ねぎ（乱切り、2cm角）　1個
トマト（乱切り、2cm角）　3個
にんにく（みじん切り）　3片
オリーブオイル　大さじ2
塩・こしょう　適量
しょうゆ　大さじ1
鰻の蒲焼き（市販のもの）　2尾
バジル（生の葉）　12枚
山椒の葉　4枚

1 まずラタトゥーユを作る。厚めの鍋にオリーブオイルを入れ、にんにくを軽く弱火で炒める。
2 玉ねぎ、パプリカ、茄子を1の鍋に入れ、中火で炒める。
3 2にトマトを入れて塩とこしょう、しょうゆで味付けし、蓋をして弱火で20分蒸し煮する。
4 鰻をオーブンかグリルで温め、5cmぐらいに切っておく。
5 熱いごはんを丼に盛り、その上にラタトゥーユをかけ、鰻をのせて、山椒とバジルの葉で飾る。バジルはナイフで切ると変色するので、食べる直前に手でちぎる。

タイ風鶏肉のコリアンダー風味

パパイヤとハーブのサラダ

茄子と栗のパテ
Eggplant & Chestnut Pâté

私の乳母のディンディンはフランス人で、彼女はいろいろなパテを私に作ってくれました。フランスには各家庭の母親独自のパテのレシピがあると言います。パテの具は特別な材料を準備しなくても、残ったパンやあまった肉、野菜を手早く混ぜて、おいしくできます。これは、近所のお百姓さんが、たくさん茄子を持ってきてくれた時に考えつきました。

材料（パウンド型1本分）
茄子（粗いみじん切り） 大2個
玉ねぎ（みじん切り） ½個
にんにく（みじん切り） 3片
栗（瓶詰め、1粒を4つに切る） 4個
生椎茸（みじん切り） 3枚
オリーブオイル 大さじ2
卵 1個
パン粉 1.5カップ
タイム（生の葉のみじん切りまたはドライ） 大さじ2
パセリ（生のみじん切り） 大さじ1
塩 少々
こしょう 少々
飾り用のタイム（約5cm） 2枚

1 浅い鍋にオリーブオイルを入れ、玉ねぎとにんにくを透き通るまで炒める。
2 1に茄子、椎茸を加えさらに炒める。
3 2をボウルに移し、パン粉、栗、タイム、パセリ、溶き卵を入れて混ぜ、塩とこしょうで味付けする。
4 油を塗ったパウンド型に3を入れて、180度に温めておいたオーブンで約30分焼く。
5 冷めてから型から抜き、2cmの厚みに切ってタイムの枝を飾る。
6 前菜として、あるいはサラダと一緒に食べる。

パパイヤとハーブのサラダ
Tropical Papaya & Herb Salad

我が家では夏の夕方、よく友達を呼んで庭で一緒に食事をします。東南アジア料理が好きな友達が来る時に必ず作るのがこのサラダです。コリアンダーチキンとよく合います。

材料（4人分）
レタス、又は水菜かルッコラ 50g
パパイヤ、青りんご（種や芯を取り皮をむいて、厚み1cmにスライス） 1個
さやえんどう又はさやいんげん（できるだけ薄くスライス） 50g
ねぎ（みじん切り） 3本
コリアンダー（生の葉） 10g
ミント（生の葉） 12枚
ピーナッツ（炒ったものをつぶす） 大さじ1

ドレッシング

材料
にんにく（みじん切り） 1片
ブラウンシュガー 小さじ½
ライム（搾り汁） 1個
ナンプラー 大さじ1
グレープシードオイル 大さじ2

1 ドレッシングの材料を混ぜ合わせて、ドレッシングを作る。
2 ボウルにパパイヤ、りんご、さやえんどう、ねぎを入れ、1のドレッシングで和える。
3 皿にレタスを敷き2を盛りつける。
4 ピーナッツを上に散りばめ、コリアンダーとミントを飾る。

タイ風
鶏肉のコリアンダー風味
Grilled Coriander Chicken

私の作る数多くの料理の中で、これは夫の大好物です。コリアンダーの葉は、インドでダニア、タイではパクチー、中国では香菜と呼ばれアジア料理によく使われます。食欲を刺激する独特の香りと味は、エスニック料理好きの人にはなくてはならないハーブです。消化に良く、血液のコレステロール値を下げる助けをします。この料理は正式なディナーでもブッフェパーティーでも大好評です。

材料（4人分）
コリアンダー（生の葉のみじん切り） 30g
赤唐辛子（種を取りみじん切り） 1本
マリネ用漬け汁
　にんにく（みじん切り） 大3片
　ライム搾り汁とすりおろした皮 1個分
　ナンプラー 大さじ2
　薄口しょうゆ 大さじ2
　砂糖 大さじ1
　ピーナッツオイル 大さじ4
　塩・こしょう 少々
　コリアンダーシード（軽くつぶす） 小さじ1
鶏のむね肉又はもも肉 4枚
ライム（くし形に切る） 1個

1 赤唐辛子とコリアンダーを合わせ、2つに分けておく。
2 1の半分と他のマリネ用漬け汁の材料をボウルに入れて混ぜる。
3 鶏肉をたたいて柔らかくし5cm四方ぐらいに切り分け、2の漬け汁に2時間マリネする。
4 温めたグリルに鶏肉を入れ両面を約15分焼く。
5 焼き上がった鶏肉を皿に盛りつけ、1の半分のコリアンダーと赤唐辛子をふり、ライムを添えて出す。

ローズマリー風味の ゴマとチーズのパン
Rosemary Cheese Sesame Bread

ゴマとチーズでしっかりと味がついたパンです。バターやジャムなど付けずにそのまま召し上がってください。

材料（1ローフ）
ドライイースト　11g（1袋）
ミルク（人肌に温める）　250ml
お湯（人肌に温める）　50ml
ブラウンシュガー　大さじ1
全粒小麦粉　180g
無漂白小麦粉　220g
バター　大さじ2
塩　小さじ1
ゴマ　大さじ2
玉ねぎ（みじん切り）　大さじ1
ローズマリー（生の葉のみじん切り）
　大さじ2
チェダーチーズ又はマリボーチーズ
　（角切り）　100g
粗塩（装飾用）　適宜
ローズマリー（生の枝、装飾用）　適宜

1 ドライイースト、ミルク、ブラウンシュガー、お湯を混ぜ、発酵して泡が立つまで10分程おいておく。
2 ボウルに無漂白小麦粉、全粒小麦粉を入れよく混ぜる。
3 2に1を入れてこねる。
4 3にバター、塩、ゴマ、玉ねぎ、ローズマリーを加え、さらにこねる。
5 4の生地を平らにしてチーズを中に入れ、ローフ型にする。
6 バターを塗ったボウルに生地を入れ、全面にバターがつくように裏返す。
7 6を乾いた布巾で覆い、膨らむまで暖かい場所に90分程おいて、一次発酵させる。
8 生地をまな板などの上に打ちつけて空気を出し、ローフ型に形を整えて布巾で覆い、再び膨らむまで約1時間おいて発酵させる。
9 190℃に温めたオーブンに入れて約30分焼く。最後の5分間はアルミホイルでカバーして焦げるのを防ぐ。
10 パン型から出して金網の上で冷ます。
11 上に粗塩を散らして、ローズマリーの葉で飾る。

バスケットにイギリス風ピクニックランチを詰めて、そよ風吹く川岸に出かけました。

スタッフドエッグ
Stuffed Eggs

これは食事のスターターとしても最適なレシピです。カレーパウダーを使ってもまた違う風味が楽しめます。

材料（2人分）
卵　3個
塩・こしょう　少々
サワークリーム又はマヨネーズ　大さじ1
チャイブ、タラゴン又はチャービル
　（生の葉のみじん切り）　各大さじ1
ディル（生の葉のみじん切り）　大さじ½
ディル（飾り用、生の葉）　数本

1 卵を固茹でして半分に切り、黄身を取り出す。
2 ボウルに1の黄身、サワークリーム、チャイブ、ディル、タラゴンを入れクリーム状になるまで混ぜ、塩とこしょうで味付ける。
3 白身の中に2を詰め、ディルを飾る。

鶏肉のロースト・ ローズマリー風味
Roasted Rosemary Chicken Legs

イギリスのピクニックで欠かせないのがローストチキンです。ローズマリーの味と香りは鶏肉やラムによく合います。

材料（2人分）
鶏もも肉　2本
ローズマリー
　（生の葉のみじん切り）　大さじ2
オリーブオイル　大さじ2
塩・こしょう　適量

1 鶏肉に塩とこしょう、ローズマリーをまぶし、オーブン用バットに入れる。
2 オリーブオイルを1の鶏肉の表面にかける。
3 190度に温めておいたオーブンで表面がカリッとなるまで20～30分焼く。

ハーブチキンカレー
Curried Herb Chicken

私は19歳の時、友人たちとおんぼろなバンを手に入れて、2ヶ月にわたりインドまで陸路の旅をしたことがあります。家出をしたも同然でしたから、一文無しの旅で、地元の野菜やスパイスを使って、毎日自分たちで料理をしました。インド人のコックさんからは、チキンカレーの作り方を教えてもらいました。

「おいしかったよ」を聞くと最高に幸せです。

材料（4人分）
鶏むね肉（4cm角に切る） 600g
なたね油 50cc
玉ねぎ（みじん切り） 大2個
にんにく（みじん切り） 4個
しょうが（みじん切り） 大さじ1
塩 適量
スパイスA
　シナモンスティック 2本
　カルダモン（粒） 3個
　唐辛子 1個
　月桂樹 2枚
スパイスB
　コリアンダー（粉） 小さじ1
　クミン（粉） 小さじ1
　ターメリック（粉） 大さじ1
水 400ml
青ねぎ（小口切り） 適量
コリアンダー（生の枝葉を刻む） 6本

1 鍋になたね油を入れ、スパイスAを焦がさないように炒める。
2 1に玉ねぎとにんにく、しょうがを入れきつね色になるまで炒める。
3 2にBのスパイスを入れ軽く炒める。
4 3に鶏肉を入れて少し炒めてから水を入れ塩で下味をつけ、40分間とろ火で煮る。
5 味をととのえコリアンダーの葉と青ねぎをふりかけ、ごはんやナンに添えて出す。

ハーブスフレ
Herb Soufflé

スフレを作らせるとその人の料理の腕前が分かると、料理好きの母がよく言ってました。バジルのいい香りのするふんわりと膨らんだこのスフレを出すと、いつも決まってお客様から歓声が上がります。お客様に出す直前に焼き上げ、ふんわりしてるうちに出しましょう。

材料（4人分）
バター　40g
小麦粉　大さじ2
牛乳（温める）　180cc
フレンチマスタード　大さじ½
グリエルチーズ　100g
バジル(生の葉を細かく手でちぎる。
　又はドライ）　大さじ3
卵黄　3個分
卵白　4個分
塩・こしょう　少々

1 ボウルに卵黄を入れ軽く泡立てる。
2 別のボウルで卵白を硬めに泡立てる。
3 片手鍋にバターを溶かし、弱火で小麦粉をなめらかになるまで1分間くらい炒めルーを作る。
4 温めた牛乳をゆっくりと3の鍋に加え、ルーがダマにならないようにのばしてホワイトソースを作る。
5 4にグリエルチーズを加え、完全に溶けるまでかき混ぜ、バジル、フレンチマスタードを加え塩とこしょうで味付ける。
6 5を火からおろし人肌ぐらいに冷めるのを待って、1の卵黄を混ぜ合わせる。
7 6に硬く泡立てた卵白を入れ軽く混ぜ、900mlのスフレ用焼き皿に入れる。
8 温めておいた200℃のオーブンで20分間焼く。ふっくらと膨らませるために、途中でオーブンの扉を開けないように。

しょうがとにんじんの冷たいスープ
Cold Ginger Carrot Soup

毎週日曜日に行われる大原の朝市で、私は穫れたての野菜を買っています。作っている人が売っているので安心です。にんじんは収穫後2～3日おいた方がベータカロチンが増えるそうなので、私は収穫した日を聞いています。にんじんは目に良く、ストレスを和らげ、疲労回復、体内浄化に役立つ野菜です。また、センティッドローズゼラニウムは血液の循環を良くすると言われています。

材料（4人分）
バター　大さじ1.5
塩　適量
玉ねぎ(みじん切り)　中1個
にんじん(さいの目切り)　350g
チキン又は野菜スープストック
　1リットル
しょうが(おろす)　小さじ4
生クリーム　70ml
センティッドローズゼラニウム
　(生の葉をみじん切り)　20g

1 スープ鍋にバター、玉ねぎ、しょうがを入れ、玉ねぎが透明になるまで炒める。
2 1にスープストックとにんじんを加え、柔らかくなるまで煮る。
3 2をミキサーにかけピューレ状にし、塩で味をととのえる。
4 3を冷蔵庫で冷やしておく。
5 出す直前に生クリームを混ぜ、スープ皿に分けゼラニウムの葉を飾って出す。

★温めていただいてもおいしい。

センティッドゼラニウムのシャーベット
Geranium Leaf Sorbet

暑い日の突然のお客様に最適な冷たくさわやかなシャーベットです。南アフリカ原産のセンティッドゼラニウムは種類によってローズ、レモン、アプリコット、アップル、ミントなどの香りがします。私はローズで作るのが好きです。

材料（4人分）
センティッドゼラニウムの葉（生） 10g
砂糖　大さじ6
水　300ml
レモン汁　大1個分
卵白　2個分
センティッドゼラニウムの小葉
（生・飾り用）　4枚

1 鍋に水を入れて火にかけ、沸騰したらゼラニウムを入れ、一煮立ちしたら火を止める。蓋をして20分間おき、香りを出す。
2 1を漉して砂糖を溶かす。
3 2を冷ましてから、レモン汁を加え、ステンレス容器に入れて、半分凍るまで1時間ほど冷凍庫に入れておく。
4 ボウルに卵白を硬く泡立て、3と混ぜ合わせ、冷凍庫で再び半分凍らせる。
5 4を手早く泡立て器で泡立て、冷凍庫に入れて半分凍らせるという作業を4～5回繰り返すと口当たりの良いシャーベットになる。アイスクリームメーカーがあるとその作業が1回で済む。
6 ガラスの器に盛りつけ、センティッドゼラニウムの葉を飾って出す。グレープフルーツとミントを使ってもおいしい。

サマーフルーツアイスボウルのローズマリークリーム添え
Summer Fruit Ice Bowl with Rosemary Cream

夏の暑い日、ビオラ、忘れな草、ナスタチウム、ボリジなどの食用花とハーブを入れて、アイスボウルを作ってみました。ボウルの中に入れたベリーは、いただく時にローズマリーの生クリームを添えると、素敵なデザートになります。

材料
ローズマリークリーム
　生クリーム　1ml
　ローズマリーの枝（生10cmくらい）
　3枚
　砂糖　大さじ3
アイスボウル
　食用花（ビオラ、忘れな草、ナスタチウム、ボリジなど）　適量
　レモンバーベナ、ミントなど生の葉
　　適量
　水　適量
　アイスキューブ　適量
デザートのベリー
　いちご、ブルーベリー、ラズベリーなど好みの果物　各1カップほど
　カーラント（小粒の干しブドウ）　少々

1 アイスボウルは、大小ひとつずつ用意し、大きなボウルに半分ほど水を入れ、ハーブと花を入れる。その上に小さいボウルを浮かし、中にアイスキューブを入れて重さを調整する。全体を布で覆い、まわりを紐で縛って固定させ、一晩冷蔵庫で凍らせる。完全に凍ったら、表面が少し溶けたところで中身のアイスボウルを取り出し、盛りつける直前まで、冷凍庫に入れておく。
2 ローズマリークリームを作る。生クリームを鍋に入れ80度ぐらいまで温め、ローズマリーの枝を浸しておく。熱が取れたら冷蔵庫に入れ冷やしておく。
3 ボウルに移し、ローズマリーを取り除き、砂糖を入れて泡立てる。
4 アイスボウルにフルーツを盛りつけカーラントをふり、ローズマリークリームを添えて出す。

ローズマリー・チーズビスケット
Rosemary Cheese Biscuits

これはチーズの入った甘くないビスケットです。私はハイキングに行く時にこのビスケットをよく焼いて持っていきます。汗をかくと甘いものだけでなく、しょっぱいものも欲しくなりますし、ローズマリーが元気をくれます。このビスケットは山の頂上で飲むビールととてもよく合います。オートミールは、ビタミンBやミネラル分を豊富に含み、血糖値を安定させて活力を与えてくれます。

材料（12～14個分）
オートミール 50g
バター　100g
無漂白小麦粉　200g
グリエールチーズ又はチェダーチーズ（おろす）　75g
ローズマリー（生の葉のみじん切り）大さじ6
塩・こしょう　少々
水　大さじ4
ベーキングパウダー　小さじ½
卵　1個

1 ボウルに無漂白小麦粉、オートミール、ベーキングパウダー、バターを入れて混ぜる。
2 1にローズマリー、チーズ、水、卵、塩、こしょうを加えさらに混ぜる。
3 麺棒で2の生地を1cmの厚さにのばし、ビスケット型に抜く。
4 ひっつかないように、バターを塗ったオーブン用のバットに並べる。
5 220℃に温めておいたオーブンで、きつね色になるまで15～18分焼き、金網にのせて冷ます。

ラベンダーケーキ
Lavender Cake

ラベンダーの香りがすると、私は海に切れ落ちた崖の上に建てられたプロバンスの別荘を思い出します。庭の通路に沿ってラベンダーが植えられており、潮風がラベンダーのさわやかな香りを室内まで運んできました。6月になると大原の庭でもラベンダーの香りが漂います。私は花を摘んでこのケーキを作ります。

材料
小麦粉　170g
ベーキングパウダー　小さじ1
無塩バター　170g
ラベンダーシュガー　170g
卵　3個
ラベンダー（生の花）　大さじ2、又は（乾燥させた花）大さじ1
バニラエッセンス　小さじ½
ミルク　大さじ2
ラベンダーの花穂（飾り用）　数本
生クリーム（泡立てる）　1カップ

1 ボウルに無塩バターとラベンダーシュガーを入れ、クリーム状になるまで混ぜ合わせる。
2 1に卵を加えさらに混ぜる。
3 別のボウルに小麦粉、ベーキングパウダー、ラベンダーを入れて混ぜる。
4 2に3とミルク、バニラエッセンスを加え混ぜ合わせる。
5 円形のケーキ型（直径22cm）の内側に薄くバターを塗り4を流しこむ。
6 180℃に温めておいたオーブンで30分焼く。粗熱が取れたところで型から出し、金網の上にのせて冷ます。
7 ホイップクリームを添え、ラベンダーの花を飾って出す。

◆ラベンダーシュガーの作り方

グラニュー糖4カップにラベンダーの花4本を埋め、保存用密閉瓶で2週間おきます。ラベンダーの素敵な香りがするこのシュガーは、ケーキやクッキーに入れたり、フルーツにふりかけて使います。私はホイップクリームに混ぜていちごにかけて食べるのが好きです。同じ作り方で、他にもいろいろなハーブシュガーが作れます。ばらの花びらのシュガーをケーキのアイシングに使ったり、カスタードに入れるとばらの香りがし、またバニラアイスクリームにもよく合います。ミントの葉のシュガーはアイスティーやホットココアによく合います。また、レモンバーベナの葉のシュガーを果物にかけたり、チーズケーキに入れるとおいしいです。

開け放った縁側で読書を楽しむひとときさわやかな風が室内を吹き抜けていきます。縁側の外は、もともとあった庭を生かして造った日本風の庭。

Preserving Herbs ハーブの収穫と保存法

A Decoction
煎液を作る

チンキ

チンキはハーブの有効成分をウォッカやホワイトリカーなどの強いアルコールに浸出させたものです。セントジョンズ・ワート(recipe page 130)の他に頭痛に効くフィーバーフューなどがあります。チンキは、3年以上はもちます。

作り方

1 蓋付きガラス容器に刻んだハーブ12gとウォッカ又はホワイトリカーを200ml入れる。ハーブが完全に漬かっているようにする。

2 2日後に蒸留水200mlを加え、日当たりの良い場所に2週間おく。時々振ること。

3 **2**をガーゼで漉し、殺菌消毒した色付きのガラス瓶に入れ冷暗所で保管する。

2種の抽出法

ハーブの有効成分を水に抽出させるには、ティーや煎液にする方法があります。煎液はティーよりも濃く、石けんやコスメ類を作る時の工程などでよく作ります。

ティー

作り方

1 1カップにつき小さじ2杯の乾燥ハーブか、15gの生のハーブを用意する。

2 ハーブをティーポットに入れ熱湯を注ぎ、6分間蒸らし漉す。

煎液

作り方

1 深鍋に水350ml、刻んだハーブ100gを入れ、蓋をして沸騰させる。

2 約30分間煮て漉す。

収穫

ハーブの収穫時期は5月から11月です。2〜3日晴天が続く乾燥した日の午前11時頃から午後2時頃に収穫します。

1 ミントやレモンバームの場合は、地面から約5cmの茎を切る。ローズマリーやタイムなど枝が伸びる多年草ハーブは、先端の数センチを切る。

2 摘んだハーブを10本ほどの束にたばね、逆さにして室内の風通しの良い所に吊り下げる。ばら、マリーゴールド、カモミール、除虫菊などの花びらは、紙の上に広げて日光に当てて乾燥させる。

3 約2週間後、葉が乾燥したら、大きなボウルの中で束をほどき、葉を取り、茎を短く切る。

4 密閉容器に乾燥剤を入れて冷暗所で保管する。

保存法

収穫したハーブは、ドライハーブにしたり、ハーブオイルやビネガー、チンキ、などにして保存できます。上手に保存すれば1年を通じていつでもハーブが使えます。保存期間は通常1年です。それを過ぎると香り味、薬用効果が弱まります。

容器の殺菌の仕方

上記のものをガラス容器に入れて保存しますが、カビたり腐ったりしないように入れる前に必ず容器を殺菌しましょう。ドライハーブの保存には、その必要はありません。

1 水を入れた深鍋にガラス容器と蓋を入れ、火にかけて10分間以上沸騰させる。

2 瓶詰めする直前に容器を熱湯からタオルの上に取り出す。

郵便はがき

料金受取人払郵便

麹町支店承認

5432

差出有効期間
平成24年11月
9日まで

102-8720

439

東京都千代田区九段北
4−2−29

株式会社 世界文化社
家庭画報 編集部

『ベニシアのハーブ便り』係 行

フリガナ		(　　) 歳
氏名		1.男　2.女 1.未婚　2.既婚
住所	〒□□□−□□□□　都道府県　区郡市	
TEL (　　)	FAX (　　)	
E-mail		
職業	1. 会社員　2. パート・アルバイト　3. 学生　4. 公務員・教員 5. 会社等経営者　6. 自営業　7. 自由業　8. その他	
興味・関心のある事（例）料理（　　）		
購読新聞名（主なものをひとつ　　） 購読雑誌名（主なものをひとつ　　）		

「ベニシアのハーブ便り」 愛読者カード
（ベニシア・スタンリー・スミス著）

〔1〕この本を何で知りましたか？　※（　）内に具体的にお書き下さい。

a.新聞（　　　　　　新聞）　b.雑誌（　　　　　　）
c.テレビで（　　　　　　）　d.書店の店頭で
e.人に勧められて　f.その他（　　　　　　）

〔2〕お買い求めの動機は？（いくつでも丸を）

a.装幀が良かったから　b.タイトルに興味をひかれたから
c.興味のあるテーマだから　d.内容が面白そうだったから
e.その他（　　　　　　）

〔3〕この本をどこでお買い求められましたか？

（　　　　　）都·道·府·県（　　　　　）区·市·郡
（　　　　　　　）書店（　　　　　　　）コーナー

〔4〕この本についてのご感想、ご意見をお教え下さい。

〔5〕最近読んだ本で、おもしろかったものをお教え下さい。

書名（　　　　　　　　　　　　　　）

※当社よりお客様に読者調査や各種ご案内をお送りする場合があります。
希望されない場合は右記の□にチェックしてください。…□

※当社は皆様より収集させていただいた個人情報を適切に管理し、お客様の承諾を得た場合を除き、第三者に提供、開示等は一切いたしません。

ご協力ありがとうございました。

Herb Oils
ハーブオイル

シロップ

シロップは濃厚な砂糖の溶液で、ハーブの保存にも適しています。お菓子に使うシロップにはミント、すみれ、センティッドゼラニウムが適しています。風邪やのどの薬用シロップには、ヒソップ、タイム、レモンバーベナ、花梨、金柑、梅、ローズヒップが適しています。

作り方

1 800mlの水に好みのハーブ2カップを入れ、火にかけて30分間煮て漉し、煎液を作る。

2 **1**に砂糖600gを加え溶かす。沸騰したら火からおろし冷ます。

3 色付きのガラス瓶に入れて冷暗所か冷蔵庫で保存する。

冷凍ハーブ

軟らかい葉のハーブ、例えばパセリ、チャイブ、レモンタイム、フェンネル、コリアンダー、ディル、ねぎは冷凍保存しておき、料理に必要な時に使えます。

作り方

1 ハーブを切り、プラスティック容器や冷凍用袋に入れ冷凍庫で保存する。

2 料理に使う時は、解凍せずそのまま使う。

ハーブオイル

ハーブの味と香りを溶けこませたハーブオイルは、料理をいっそうおいしくしてくれます。用途に合わせて様々なハーブオイルが作れます。下記は私のお気に入りで、750mlのオイルに対するハーブの量です。

★魚料理にディルとレモンのオイル：レモンの皮の細切りとディル(8cm)を4本

★チキン料理にローズマリー又はタイムのオイル：タイム4本

★パスタ料理にバジルと唐辛子のオイル：バジル4本と唐辛子3本

★サラダドレッシングには数種のハーブを組み合わせる：ローズマリー2本、タラゴン2本、マジョラム2本

作り方

1 生ハーブを準備する。ハーブは洗わなくてもいいが、洗う場合は完全に乾かしておくこと。

2 殺菌した瓶にハーブを入れ、ハーブが完全に漬かるまでオイルを注ぐ。ハーブ成分がオイルによく染み出すために、蓋をして日の当たる場所に2週間おいてから使う。

★オイルについて

私がよく使うのはなたね油、グレープシードオイル、オリーブオイルです。このオイルには脳を活性化するオメガ3が多く含まれているそうです。これらのオイルを多く使うアジアや地中海諸国に住んでいる人々は、アルツハイマーや慢性疾患にかかる比率が低く、長生きする人が多いという研究報告があります。

ハーブビネガー

ハーブの味と香りを溶け込ませた酢を作っておけば、酢を使った様々な料理やドレッシングの幅が広がります。例えば、チャービルと米酢は和食の酢の物、白ワインビネガーとタラゴンはコールドチキンサラダに合います。りんご酢とディル又はチャイブのビネガーは、ポテトサラダやサーモンサラダによく合います。

作り方

1 約8cmの長さの生ハーブを6本用意する。ハーブに水気がついていたら乾かすこと。

2 殺菌消毒したガラス瓶にハーブを入れる。金属製の蓋は使わないように(酢で酸化するため)。

3 瓶の半量の酢を深鍋で熱し、熱いうちに**2**の瓶に入れそのまま冷ます。

4 常温の酢を**3**に注いで、瓶いっぱいにする。

5 密封して、日光の当たる窓辺に2週間おく。数日毎に容器を振ること。

6 漉して、酢を瓶に戻し、飾りにハーブを1枝加えて冷暗所に保存する。

Herbal Vinegar
ハーブビネガー

秋
Autumn

毎日少しずつ肌寒くなり、日が落ちる時刻が早まってきます。そして、ある日突然大原盆地は秋色に染まります。

からりと晴れた秋の午後、稲刈りを終えた田んぼの畦道を散歩しました。

春や夏に見る元気いっぱいの庭の植物も好きですが、少し控えめな秋の庭もいい。人間にたとえるなら、様々なことを経験して人生が分かってきた年代の人が持つような深い落ち着きのようなものを感じます。日本の宿根草である貴船菊やほととぎす、秋海棠《しゅうかいどう》や菊の彩りは、派手すぎず地味すぎず、落ち着いていて日本家屋によく合います。枯れた花や落ち葉もしばらくはそのままにしておいて、秋のしっとりとした風情を楽しみます。

朽ちかけた農家から始まった手作りライフ

今から三五年前に私が初めて京都に着いた日はちょうど祇園祭りの真っ最中でした。夕陽が落ちる頃、私は浴衣姿の人たちで賑わう室町通りを歩いていました。赤や白の提灯が灯る通りに面した町屋の戸や障子は開け放たれ、代々伝わる家宝の屏風を道行く人々に披露しているのが印象的でした。エキゾチックな祇園囃子のメロディーが通りのどこかから聞こえてきます。その時、ようやく憧れの国、日本に来たのだと私は実感しました。

それから二〇年以上経ったある日、私は夫の正と一緒に、不動産屋がくれた地図を頼りに京都市内から車を走らせていました。それは、一〇〇軒以上の家を見た後でした。大原の山の麓にある一軒の農家に着いた瞬間、「ついに私の家を見つけた！」と思いました。家の中はカビ臭くて陰気でしたが、家には存在感と風格がありました。帰りぎわに振り返ると「修理してここに住んでください」と家が訴えているように感じました。

私は古いものが好きです。古い家や家具からは、作った人の心を感じることができます。昔の人はきっとたくさんの時間と労力をかけて、家やものを作ったのでしょう。彼らが作ったものには、芸術性や、職人としての誇りや思い入れがあると思います。現代の工業製品からは、私はそういったものを感じられません。

「あの家は築一〇〇年ほど経っているから、かなり手をかける必要があるけど、あそこに住むことで何か新しいことが始められそうな気がする……」と正がつぶやきました。私も同感でした。私たちはその予感に従って家を買うことにしました。

その古い農家に住むにあたり、まず土間にある台所は不便なので、座敷の二部屋をフローリングにしてダイニングキッチンに変えることにしました。私の英会話学校の生徒の西袋さんのお父さんが大工さんなので、彼にその仕事を頼みました。家じゅうの窓はすりガラスか板戸だったので外の景色が見えませんでした。これを全部透明ガラスに替えてくれたのは、生徒でガラス屋さんの堀代さんでした。

破れた襖の前で思案していると、以前生徒だった千田夫妻の顔を思い出しました。夫妻の経営する「唐長」工房に行ってみると、二〇〇年以上前から続く型を使って、唐紙を作っていました。「すごく高そう。私たちに手が届くものはないかも……」。戸惑う私の顔を見て「お金のことは心配なさらないよう」と千田さん。客間の襖は美しい瓢箪の蔓の模様に生まれ変わりました。

ある日突然、友人のデービッドがやって来ました。車からガラス戸、漆塗りの障子、和箪笥などを出してきました。「ごみになる運命だった彼らを救ってあげたんだ」と、彼は言いました。古い家の解体現場からもらって来てくれたのでした。

息子の英語の家庭教師であるカナダ人のウェイドは、工務店の息子で大工の卵です。私の身長に合わせて作ってくれたシステムキッチンの使い良さには驚かされました。

我が家は今もリフォームが進んでいます。夫の正は、壁だけの真っ暗な部屋に窓を付けたり、水道の配管のため床下に潜ったり、電気の配線のため屋根裏に上がって埃まみれになりながら、家のあちこちを修理しています。

どんなに小さなことでもやり遂げると嬉しいし、次はどこに手を付けようかと考えるのもまた楽しいものです。うちに遊びに来た若者が我が家を見て「古いのにカッコイイ」と言ってくれました。この家の最高のほめ言葉だと思っています。

何かを作ったり修理したりと自分でやってみることは楽しい。たとえうまくいかなくてもいいのです。大きな満足と経験という宝をもらえるから。
薪ストーブの断熱壁を作るためタイルを貼ったり、割れてしまった想い出の食器を集めて、井戸の側壁をモザイクで飾りました。

風格あるお竈《くど》さんだったが撤去。

屋根に上って雨漏りするところを直す。

排水パイプを埋め花壇を作る。

土間の改造は息子の悠仁も手伝った。

自分たちの手で
住みやすい家を作る

私たちが大がかりに改築しているのを見て、「大丈夫？」と近所の人たち。少しずつやれば、なんとかなるものですよ。

土壁を外して窓にして。

朽ちた床板を張り替える。

窓を付け壁を白く塗り、暗かった古民家を明るくした。

お竈《くど》さんのレンガは庭のテラスに再利用した。

1

2

3

4

1. この家の台所に残されていた道具は、庭のバーベキューで活躍。2. 英国アンティック家具に収めたボーンチャイナ。3. 京都市内で壊された家のガラス戸を入れました。4. 使ってない達磨ストーブの上に近所で見付けた花しょうがとしそを生けて。5．ウィリアム・モリスも影響を受けたという唐長の襖。6．古道具屋で見つけたカルテ入れにハーブの書類を整理。7．水屋の前に庭のゆりを生けて。8．障子や襖を開け放ち広々とした空間を作り、子供たちが遊べるようにしています。9．古くて自然素材でできている家具や調度品を揃えます。10. 水屋には、イギリスと日本の器が入っています。左は嫁入り道具の入れ物を庭の道具入れとして使っています。

5

6

7

8

9

10

私は手作りの物が好きです。
特に、古くて味わいのある物に愛着を感じます。
なぜなら、それを作った人の心が物を通して感じられるから。

10月

ジャージー島での農場暮らし

イギリスのロマン派詩人キーツは、秋を「霧と芳醇な実りの季節」と詠みました。ここ大原も秋の朝は深い霧に包まれます。九月に入ると私はほうれん草、春菊、にんじんなどの野菜の種をまき始めます。

野菜作りを始めて間もない頃のことです。七月のある暑い日、私は汗まみれになって畑を耕し、イギリスの妹から送ってもらった野菜の種をまいていました。畑の地主の池田おじいちゃんが、にこにこしながら、私がやっていることを見に来ました。来春の野菜の種をまいていると言うと彼は大笑いしました。「早すぎる！」と彼は言うのです。種の袋に印刷された説明書を指さしながら「種まきは七月と書いてあるし、イギリスの種だから……」と説明すると、再び彼は笑って言いました。「暑すぎる。今まいても絶対出てこんで。大原では地蔵盆が過ぎるまで誰も種をまかへん」。実際に私がその時まいた種は、発芽しませんでした。今ではいつも池田おじいちゃんに、野菜の種や苗を植える時期を聞いています。彼は「大原祭りの後」だとか「秋分の前」といった具合に、春夏秋冬の行事に合わせた時期を教えてくれるので、とても覚えやすいです。また、トマトやきゅうりの支柱の立て方のアドバイスをしてくれたり、水やりを手伝ってくれたり、彼は私の野菜作りの先生です。

私が初めて野菜を作ったのは八歳の頃です。その頃私はイギリス海峡にあるジャージー島に住んでいました。ジャージー牛とジャージーポテトで有名な島です。私の三番目の父、ダドリーと私たちはここで小さな農場を始めました。資産家のダドリーは、終戦から母と結婚するまでの八年間、毎日のようにカジノ、競馬、パーティーというような派手な生活をしていました。ところが湯水のようにお金を使って遊んで暮らす日々に飽きたのでしょう。結婚を機に、まったく別の生活を始めたのでした。

私にとって農場は生きているおもちゃみたいなものでした。いんげん豆やきゅうりの種を植え、しばらくするとそれがどんどん高くなって自分の背を越していくのがとても嬉しかったのです。「どうしてこんなに早く育つのだろう？」と不思議に思い、また、それを育てた自分を誇りに思ったものです。ダドリーは畑の周りの空いた土地にスイセンやグラジオラスを植えました。花期になるとそこは、一面見渡す限りの花で染まりました。私たちは花束を作り、花市場で売りました。

豚小屋の掃除は、臭いから嫌いでした。最も嫌な仕事は、鶏の首を切ること。頭のない鶏の体が、切られてしばらくの間ダンスするということを知っていますか？　それから羽をむしってキッチンに持って行くまでが、私たち子供の仕事でした。

農場で暮らし始めた時、私は八歳、弟のチャールズは七歳、妹のキャロラインは五歳でした。私たち兄弟は毎日仕事を分担しました。例えば、今日の乳搾りは私、鶏小屋の仕事はチャールズとキャロラインといったように。しばらくして二番目の妹ジュリエットが生まれ、彼女は乳母車の中から私たちの仕事を見ていました。ダドリーは私たちに「この農場は君たちのために買ったんだ。学校の勉強よりも農場の経験の方が大切だからね」とよく言ってました。しかし、毎日の仕事はなかなか大変で、夜遅くなってから宿題をするのが辛かったのを覚えています。

今日本では、食料品店やスーパーでいろいろな食材や加工食品を買うことができます。しかし、食べても本当に大丈夫なのかよく分からない、安心できない食べ物が多くて私は頭を悩ませています。化学的な添加物や保存料が入った加工食品、ホルモン剤や抗生物質たっぷりの餌で育った鶏肉、BSE感染の疑いのために規制された牛肉、遺伝子組み換え食品、化学肥料と農薬で育った野菜等々。いったい何を食べればいいのでしょうか。

ダドリー農場で獲れたばかりの野菜や生みたての卵、搾りたてのミルクの味は今も忘れられません。その頃の私は子供でしたから、食品の安全性など当然考えたりはしませんでした。しかし、今思えば、それについて考える必要などまったくない、安心して食べられる食べ物に囲まれていたのだと思います。

イギリス海峡にあるジャージー島で、私は幼い頃の12年間を過ごしました。ジャージー牛とジャージーポテトが有名なこの小さな島では、フランスに近いので英語とフランス語の両方が使われていました。上の写真は、最初に住んだ３番目の父ダドリーのグランドメゾンで、築200年の建物です。下は４番目の父ジョン・ロバーツのマナーハウス。築400年で、8人の首のない幽霊が出たことがあります。右の写真はそこのベジタブルガーデンです。どちらの家の庭も母が作り替えました。

父の庭

父は私が一三歳の時に亡くなりました。私が寄宿学校にいた時、その知らせを受けただけで、葬式に行くこともなく、墓がどこにあるのかも長い間知らされていませんでした。両親は私が三歳の時に離婚したので、私は父の実家を訪ねたことがなかったのです。

ある日、ガーデン雑誌の中でトレバーノの庭という記事を見つけました。どこかで聞いたことがあるような名前……。読むと驚いたことに、そこは父の実家であることが分かりました。私はすぐに仕度をし、父の墓参りのために旅に出ました。一九九九年の夏、イギリス南西部のコーンウォールにあるトレバーノの庭と父の墓があるセント・ジャスト・イン・ローズランド教会を訪ねました。

トレバーノは一般公開されている有名な庭です。古いものの美しさを感じさせる落ち着いた七〇エーカーの広大な庭を歩きながら、父が過ごした少年時代を想いました。近くの海岸には教会があり、お墓のリストに父の名を見つけましたが、父の墓石を見つけることができません。牧師さんに尋ねると一〇年前に大きな嵐が来て、たくさんの墓が壊れたとのことでした。私は父の墓があったところに彼が好きだったワイルドローズとハニーサックルの花をそっと供えました。

サボリーとタイム入りのシェパーズパイ

ブラックベリーとりんごのクランブル

recipe page 118

玉ねぎのセージソース

Onions in Sage Sauce

photo page 121

セージと玉ねぎは豚肉料理にとてもよく合います。セージは脂肪が多い食べ物の消化を助け、殺菌解毒作用があります。

材料（4人分）
ミニ玉ねぎ（皮をむいたもの） 10個
バター 大さじ2
小麦粉 大さじ1
チキンストック 200ml
セージ（生の葉のみじん切り） 6枚分
生クリーム 大さじ3
パセリ（生の葉のみじん切り） 大さじ1
塩・こしょう 適量

1 シチュー鍋を中火にかけバターを溶かし、丸いままの玉ねぎを表面がきつね色になるまでゆっくりころがして焦げ目をつけ、ボウルに取り出す。
2 1の鍋を弱火にして小麦粉を入れて1分ほど炒める。その中にチキンストックを加え中火にし、とろみがつくまでよく混ぜ合わせる。
3 2の鍋に1の玉ねぎとセージを入れ、塩、こしょうで下味をつけ、蓋をして20分間とろ火で煮こむ。
4 玉ねぎが柔らかくなったら火を止めてクリームを入れる。最後にパセリを散らす。

★生のセージがない場合は、ドライを使ってもいい。

サボリーとタイム入りのシェパーズパイ

サボリーとタイム入りのシェパーズパイ

Shepherds' Pie with Savory & Thyme

photo page 116

シェパーズパイとは羊飼いのパイという意味で、代表的なイギリス料理のひとつです。パイ生地の代わりにマッシュポテトがラムのミンチを被っています。ラムが手に入らなければ、ビーフを入れます。また、ベジタリアンの人は肉の代わりにグルテンを入れれば良いでしょう。サボリーは、消化を助け食欲を増進させ、殺菌作用、強壮作用もあります。

材料（6人分）
男爵じゃがいも（皮をむいて乱切り） 900g
牛乳 150cc
バター 大さじ3
ラムミンチ 400g
玉ねぎ（みじん切り） 大1個
にんじん（みじん切り） 大1本
にんにく（みじん切り） 3片
しょうゆ 大さじ3
トマトピューレ 大さじ5
スープストック 1カップ
オリーブオイル 大さじ3
ウィンターサボリー、又はサマーサボリー（生又はドライ、みじん切り） 大さじ1
タイム（生又はドライ、みじん切り） 大さじ2
塩・こしょう 少々

1 フライパンにオリーブオイルをしき、玉ねぎ、にんじん、にんにくを透き通るまで中火で炒める。
2 ラムミンチを加えてさらに炒め、トマトピューレ、しょうゆ、スープストック、タイム、サボリーを加える。塩とこしょうで味付けし、5分ほど煮こむ。
3 オーブン用バットに2を流しこむ。
4 マッシュポテトを作る。鍋に水を入れ、塩を少量加えてじゃがいもを茹でる。
5 じゃがいもが柔らかくなったら水をきって熱いうちにつぶす。バターと牛乳、塩とこしょうを入れて練り上げマッシュポテトを作る。
6 3のミンチを5のマッシュポテトで被い、表面にフォークで波模様をつける。
7 180℃のオーブンで15～20分、表面がきつね色になるまで焼く。

ブラックベリーとりんごのクランブル

Blackberry & Apple Crumble

photo page 117

このデザートはイギリスの家庭でよく作られます。りんごがない時はルバーブで、ブラックベリーがない時はブルーベリーを入れます。子供の頃、近くの牧場の生け垣にブラックベリーを摘みによく行きました。牛は人の姿を見ると近づいて来るので、私は気づかれないように、そっと牧場の門を出入りしました。籠いっぱいにブラックベリーを持って帰ると、やがてクランブルが焼けるいい匂いがキッチンから漂ってきました。

材料（4人分）
砂糖 大さじ2
りんご（1cm幅にスライス） 400g
ブラックベリー（生又は缶詰） 200g
レモン汁 1個分
ミントの葉（飾り用） 適宜
クランブル
　砂糖 180g
　小麦粉 280g
　バター 120g
　シナモン 大さじ1½
生クリーム 適宜

1 りんごとブラックベリーをバットに敷き詰め、砂糖とレモン汁をふりかける。ブラックベリーは仕上げの飾り付け用に、少し残しておく。
2 クランブルを作る。まず小麦粉、砂糖、シナモンをボウルに混ぜ、それにバターを合わせて、ポロポロとした感じになるまで手で混ぜ合わせる。
3 2のクランブルを1のバットの上にふわりと散らす。クランブルを押しつけないように。
4 180℃に温めておいたオーブンで、表面がきつね色になるまで、30～40分焼く。表面のクランブルをカリッと焼くのがポイント。
5 ホイップした生クリームを添え、ブラックベリーとミントを飾り、温かいうちにいただく。

ナツメグとレーズンのスコーン
Nutmeg and Raisin Scones

イギリスの田舎では、一見ごく普通の家の前に時々「Cream Tea」というサインが書いてあります。これは、その家の戸をたたいて中に入り、ポットの紅茶と、スコーン、クロテッドクリームとジャムをオーダーできるという意味です。

材料（8〜10個分）
小麦粉　300g
ベーキングパウダー　大さじ1
ブラウンシュガー　45g
塩　少々
ナツメグ（粉）　小さじ1
マーガリン　70g
卵　2個
牛乳　60cc
レーズン　60g

1 沸騰したお湯にレーズンを2〜3分浸してふやけさせ、水をきっておく。
2 小麦粉、ベーキングパウダー、ブラウンシュガー、塩、ナツメグをボウルに入れよく混ぜる。
3 **2**にマーガリンを細かくちぎって混ぜ、なじんだところで、**1**のレーズン、溶いた卵1個と卵白1個分、牛乳を加え混ぜる。
4 15分冷蔵庫でねかせる。
5 小麦粉をふった板の上で**4**の生地を約2.5cmの厚さにのばし、直径6cmの円形型に抜く。
6 残しておいた卵黄1個分を溶き、**5**の表面に刷毛で塗る。
7 こんがりきつね色になるまで、200℃のオーブンで約15分焼く。

バジル入り全粒粉パン
Whole Wheat Basil Bread
photo page 120

パンの焼ける匂いとバジルの香りがキッチンに広がると、やがてランチの時間です。熱々で香ばしいうちにスープと一緒にどうぞ！

材料（イースト用）
ドライイースト　12g
ぬるま湯（人肌ぐらい）　60ml
ブラウンシュガー　大さじ2
小麦粉（無漂白強力粉）　330g
ミルク（人肌ぐらいに温める）　1カップ
ぬるま湯（人肌ぐらい）　1カップ
蜂蜜　大さじ2
塩　小さじ2½
無塩バター（溶かしておく）　100g
粗挽き全粒小麦粉（又はグラハム粉）
　470g
バジル（ドライ）　大さじ6
（トッピング用）
アーモンド（薄切り）　½カップ
にんにく（すりおろす）　1かけ
カイエンペッパー（粉末）　ひとつまみ
パルメザンチーズ　大さじ2
オリーブオイル　大さじ2

1 カップに入れたぬるま湯にイーストとブラウンシュガーを溶かし、醗酵して泡が出てくるまで暖かいところに約10分間おく。
2 大きめのボウルに小麦粉を入れる。そこにミルク、ぬるま湯、バター、蜂蜜、塩を加え混ぜ合わせる。
3 発酵した**1**を**2**のボウルに入れ混ぜ合わせる。
4 **3**にバジルと全粒小麦粉を少しずつ加え、生地がべとつかなくなるまでこねる。ただし、こねすぎないように（こねすぎると粘りが出すぎて、硬いパンになる）。濡れた布巾で生地を被い、暖かい場所に1時間半おいて一次発酵させる。
5 **4**の生地を台の上で数回強く打ち付けて空気を抜き、2つに分けて丸い形に整える。天板の上に生地を置き、濡れ布巾をかけてさらに1時間、二次発酵させる。
6 トッピング用の材料（パルメサンチーズ以外）を混ぜ合わせ、生地の表面に刷毛で塗り、パルメザンチーズを散らす。
7 180℃のオーブンで30〜40分焼き、底をたたいてこもった音がしたらできあがり。

鯖のフェンネル詰め
Mackerel with Fennel Stuffing
photo page 121

青魚の脂にはDHA（多価不飽和脂肪酸の一種）が多く含まれており、脳細胞を活性化し頭を良くするそうです。そんな青魚をもっと食べようと、私のオリジナルのハーブ料理を考えてみました。フェンネルもレモンタイムも魚料理にとてもよく合います。

材料（4人分）
鯖　4尾
オリーブオイル　少々
レモン　3個
フェンネルの詰め物
　玉ねぎ（みじん切り）　中1個
　バター　大さじ2
　パン粉　80g
　卵　1個
　フェンネルの葉（みじん切り）　大さじ2
　にんにく（みじん切り）　2片
　塩・こしょう　少々

1 鯖は腹わたを取り除き、頭と尾を切り落とす。ナイフで皮に切れ目を入れて、塩とこしょうをふっておく。
2 次にフェンネルの詰め物を作る。フライパンにバターを溶かし、みじん切りにしたにんにくと玉ねぎをきつね色になるまで炒める。
3 **2**の火を止め、粗熱が取れたらパン粉、フェンネル、溶き卵を加えてよく混ぜ、塩とこしょうで味をつける。
4 **1**の下処理した鯖の腹に、**3**のフェンネルの詰め物を詰める。
5 鯖をバットに並べ、オリーブオイルとレモン汁をふりかける。
6 グリルで焼く。初めは強火で片面を焼き、焼き色が付いたらひっくり返して、火を弱める。ひっくり返す時にレモン汁とオリーブオイルをかける。
7 皿に盛りつけて、くし形切りにしたレモンをのせる。

バジル入り全粒粉パン

玉ねぎのセージソース

鯖のフェンネル詰め

recipe page 118, 119

ナツメグとレーズンのスコーン　recipe page 119

魔女とクリームティー

私は一四から一九歳まで、ザ・スウィート・ドリームというバンドを組んでフォークソングを歌っていました。一九六八年の夏、マン島のダグラスという町で演奏したことがあります。マン島はアイルランドとイギリスの湖水地方の間にあるアイリッシュ海にある島で、中世時代に魔女狩りが行われなかった数少ない地域です。

　マン島のキャッスルタウンには魔女博物館があり、そこには魔女に関する様々なことが展示されています。Ｗｉｃｔｃｈ（魔女）の語源は、アングロサクソンの言葉で賢者という意味のＷｉｃａからきているそうです。古代ヨーロッパにはそれぞれの部族に、霊的能力が高い賢者がいました。彼らは未来を占いハーブで薬を作り、病気や怪我を治すなど、様々な超能力があると思われていた人々です。男性だけでなく女性の賢者も多くいて人々に尊敬されていました。それが魔女です。中世になるとキリスト教指導者に魔女は恐れられ、五〇〇万人もの女性が殺されたということです。

　マン島に住んでいる人々は、魔女や妖精といった迷信的なものを普通に受け入れているようでした。ある日、ローカルバスに乗っていた時のことです。バスが田舎のある橋を渡る時、誰もいないのに乗り合わせていた皆が手を振りました。不思議に思って横に座っているおばあさんに尋ねると、妖精の橋だから手を振ったのだと教えてくれました。妖精に手を振ると彼らにいたずらされないということでした。

　ある晴れた午後、車を借りてバンドの仲間六人と島の北東海岸にドライブに行きました。空は青く、かもめが鳴く険しい崖の上の道を走っていました。黄色い壁の小さな家に「クリームティー」と書かれた看板を見つけました。車を止めて門を開けると、細い小道がダリアや背の高いグラジオラスが咲くコテージガーデンの中に続いていました。家のドアを開けて中を覗くとトルコ石のようなターコイズブルーの壁に、動物たちの絵がたくさん飾られていました。そこに描かれた鷹、狐、兎、穴熊、家鴨《あひる》たちが、私たち闖入《ちんにゅう》者をじっと監視しているように感じました。

　おばあさんが笑顔で出てきて「クリームティーを召し上がりたいの？」と聞きました。クリームティーとはスコーンと紅茶のセットのことです。部屋の窓からは砂浜と花崗岩《かこうがん》の断崖が見えました。アイリッシュ海ではいつも強い風が吹いており、夏でも寒いので暖炉に火が燃えています。私たちは暖炉の前のテーブルを勧められました。

　青磁のティーセットといちごジャムとクロテッドクリームの入ったガラス容器がテーブルにセットされました。やがてキッチンからやかんのお湯が沸く音とスコーンを焼くいい匂いが漂って来ました。おばあさんは、大きなティーポットと焼きたてのスコーンをのせたお皿を運んで来ましたが、茶漉しは持ってこず葉っぱごとお茶をカップに注ぎました。

「誰か紅茶の葉で占ってほしい人はいますか？」とおばあさんは私たちに聞きました。私たちはちょっと驚いて顔を見合わせましたが、皆占ってもらうことにしました。「カップを時計の方向に回して飲み、残ったお茶をソーサーに注いでごらん」。そうしてカップに残って張り付いた葉っぱの形から占い始めたのです。

　私の番になった時、おばあさんは少し驚いてこう言いました。「あなたは遠いところに行ってそこに住むことになるでしょう。この国には戻って来ないようだね。痩せた褐色の男性があなたを待っています」。私はそれを聞いて信じられずただ笑ってしまいました。

　その二年後、私はイギリスを離れてインドに滞在した後、日本に向かいました。そして、おばあさんが言ったように本当に痩せた褐色の男性に出会いました。

ウスターソース

Worcester Sauce

ウスターソースは、イギリスのウースターシャーで最初に作られたのでこの名がつきました。私のレシピは昆布が入っているのが特徴です。昆布はミネラルを豊富に含み、ソースに旨味を与えます。体に活力を与え、動脈硬化を抑えるとも言われています。ソースが熟成するまで半年間ねかせてから使います。

材料（できあがり約1.5リットル）
Aの材料
　玉ねぎ(粗く乱切り)　1個
　にんじん、セロリ(粗く乱切り)　各1本
　にんにく　1個
　ケチャップ　240g
　昆布　15cm角1枚
　月桂樹　3枚
　水　2500ml
Bの材料
　赤唐辛子、シナモンパウダー
　　各小さじ1
　ナツメグパウダー、クローブパウダー、
　　オールスパイスパウダー、アニスシード　各大さじ1
　カルダモンパウダー、クミンシード
　　各大さじ2
　黒粒こしょう　大さじ1
　セージ(ドライ又は生)　大さじ2
　タイム(ドライ又は生)　2本
　蜂蜜　50ml
　ブラウンシュガー　350g
　モラセスシュガー(又は黒砂糖)
　　150ml
　塩　150g
　米酢　100ml
　赤ワインビネガー　50ml

1 シチュー鍋にAの材料を入れ強火にかけ、沸騰したら火を弱めアクをすくい取る。
2 アクが出なくなったらBのスパイスを1に加え、弱火で約2時間煮る。
3 火を止め、2を漉して鍋に戻す。
4 蜂蜜、ブラウンシュガー、モラセスシュガー、塩を加え、5分間弱火で煮る。
5 4が冷えたら米酢と赤ワインビネガーを入れる。
6 煮沸して殺菌したガラス瓶に入れて密閉し、約半年間冷暗所で熟成させる。

ラズベリーと
レモンバーベナのジャム

Raspberry & Lemon Verbena Jam

ジャージー島に住んでいた頃、私は学校の帰りに近所のアンおばさんの家へよく遊びに行きました。彼女の庭やキッチンはとても素敵で、私の憧れでした。庭にはブラックベリー、ラズベリー、ローガンベリー、レッドカーラント、ブラックカーラント、いちごなどのベリーがたくさん育てられていました。私が行くとおばさんは庭のベリーで作ったジャムと焼きたてのスコーンを出してくれます。そして、お茶を飲みながら故郷のハンガリーの話をしてくれました。

材料
ラズベリー 1.5kg
砂糖 1.3kg
フルーツペクチン 大さじ½
レモンバーベナ（生をみじん切り） 5枝
レモン（小） 1個

1 まず、ジャムを保存する容器を殺菌する。大鍋にガラス瓶を入れ、瓶がかぶるくらいの水を入れ10分間煮沸する。火を止めてしばらくそのままにしておき、ジャムができあがる5分前にガラス瓶を取り出して水気をきっておく。
2 鍋にラズベリーを入れ、弱火でかき混ぜながら柔らかくなるまで煮る。
3 砂糖を加え、完全に溶けるまで注意深くゆっくり混ぜる。
4 レモンバーベナを加える。
5 料理用の温度計で温度を測り、ちょうど104℃になったら火を消す。この手順を正確にするとうまくできる。
6 レモン1個分の搾り汁にペクチンを溶かし、5の鍋に入れてよく混ぜる。
7 できあがったジャムを殺菌したガラス瓶に入れ蓋をし、冷暗所で保存する。

★この作り方で他のベリーのジャムも作れる。レモンバーベナの他にレモンゼラニウムやレモンバームを入れてもいい。

柚子の果汁のアイスキューブ

Yuzu Ice Cubes

我が家には大きな柚子の木が1本あり、11月の終わりにはたくさん実をつけます。私はその柚子を搾って果汁を取り、製氷皿で冷凍保存して、いつでも使えるようにしています。鍋料理に使ったり、蜂蜜を入れてお湯で割って飲んだり様々な使い方ができます。

庭の柚子の木からは、籠いっぱいに実が採れます。

バジルたっぷりのトマトソース
Venetia's Special Basil Tomato Sauce

このトマトソースは、シュロップシャーに住む妹のキャロラインが、にんじん嫌いの子供のために考えました。トマトとバジルは相性が良く、にんじん独特の味を和らげてくれるので、子供たちはどんどんにんじんを食べてくれます。パスタソースはもちろん、ラザニア、シェパーズパイのベースにも使えます。私は一度にたくさん作って冷凍しておきます。

材料（6人分）
オリーブオイル　½カップ
にんにく（みじん切り）　6かけ
にんじん（1.5cm角切り）　2本
玉ねぎ（みじん切り）　2個
トマトペースト　170g
完熟トマト又はホールトマト（乱切り）
　800g
バジル（乾燥又は生、みじん切り）　½カップ
ブラウンシュガー　大さじ1
水　300ml
塩・こしょう　適量

1 大きめのシチュー鍋にオリーブオイルを入れ、にんにくと玉ねぎを透き通るまで炒め、さらににんじんも入れて炒める。
2 **1**に完熟トマト、トマトペースト、水、バジル、ブラウンシュガーを加え約1時間半とろ火で煮こむ。
3 塩とこしょうで味をととのえる。

ペストソースのアイスキューブ
Pesto Ice Cubes

ペストソースのスパゲティは息子の大好物のひとつです。バジルが穫れる夏にたくさんペストソースを作り、アイスキューブにして保存しています。秋になり気温が下がり始めたら葉が落ちるので、その前に作りましょう。

材料
バジルの葉（生）　65g
にんにく　4かけ
松の実　大さじ3
オリーブオイル　大さじ5
塩　小さじ½
黒こしょう　適宜

1 全部の材料をフードプロセッサーにかけてペーストにする。
2 製氷皿に入れて蓋をして凍らせる。使う時は必要な量だけ溶かす。

トマトケチャップ
Tomato Ketchup

多種のスパイスが入っており、ちょっとスパイシーで体にいいトマトケチャップです。クミンは消化を助け、免疫力を高めると言われています。コリアンダーは活力を与え、食欲を刺激します。

材料
玉ねぎ（大）（みじん切り）　2個
にんにく（みじん切り）　10片
オリーブオイル　大さじ4
赤ワインビネガー　1カップ
ブラウンシュガー　大さじ5
ホールトマト（缶）　1200g
　（又は完熟トマト　大12個）
トマトペースト　340g
水　2カップ
ケッパー　¼カップ
塩　少々
クミンシード、コリアンダーシード、マスタードシード　各⅓カップ
★パプリカ、カルダモン、シナモン、オールスパイス、しょうが、オレガノ、黒こしょう（すべてパウダー）　各小さじ1

1 シチュー鍋に玉ねぎとにんにくをオリーブオイルで透明になるまで炒める。
2 **1**の鍋にホールトマト、トマトペースト、水、赤ワインビネガー、ブラウンシュガーを加え、5分間煮る。
3 クミンシード、コリアンダーシード、マスタードシードをフライパンで焦げないように弱火でローストし、すり鉢で軽くすって、**2**の鍋に加える。
4 ケッパー、★印のパウダースパイス類を入れ約3時間とろ火で煮こむ。
5 **4**をミキサーでピューレ状にし、鍋に戻して一煮立ちさせ、好みの量の塩を加える。とろみが少ない場合は、さらに煮て水分を飛ばす。
6 消毒ずみの瓶に入れ、冷蔵庫か涼しい場所で保存する。

フラワーハーブサラダ
Flower Herb Salad

12歳の時、私は義父のダドリーと地中海のモナコへ航海しました。彼は港にヨットを停泊させ、私をスクーターのタンデムシートに乗せるとレストランへ走らせました。そこで、注文したフラワーハーブサラダはあまりにきれいで、花を食べるのがもったいないなと思いました。

材料
サラダ
　レタス　小1つ
　ロケット又はせり　6本
　たんぽぽの葉又は水菜　6本
　レモンタイム(フレッシュの葉)　大さじ2
　ナスタチウムとビオラの花　各8
ドレッシング
　白ワインビネガー　大さじ2
　オリーブオイル　大さじ6
　塩　少々
　こしょう　少々
　イングリッシュマスタード　小さじ½
　砂糖　小さじ1

1 レタス、ロケット、たんぽぽをさっと洗って水をきっておく。
2 **1**をサラダボウルに盛りつけナスタチウムとビオラの花で飾り、レモンタイムの葉を散らす。
3 ドレッシングをよく混ぜ合わせ、食べる直前にかける。

フランスの田舎風豆スープ
French Country Bean Soup

フランス語でガブレと呼ばれるこのスープは、フランスとスペインの国境にまたがるピレネー山脈の北側、美食の宝庫と言われるガスコン地方の料理です。昔、この地方の農夫たちは、毎日このスープを食べたそうです。昔、母に付き合ってフランスの田舎のレストラン巡りをした時に、このスープと出会いました。

材料（4人分）
乾燥白いんげん豆　½カップ
小かぶ(約1.5cm角切り)　300g
にんじん(約1.5cm角切り)　200g
セロリ(約1.5cm角切り)　1本
じゃがいも(約1.5cm角切り)　120g
セロリシード(ドライ)　小さじ1
ベーコン又は豚のばら肉（薄切り）
　220g
サラミ(薄切り)　100g
にんにく(みじん切り)　3かけ
キャベツ(1cm幅×5cmに刻む)　半分
三度豆（斜めにスライス）　50g
塩・こしょう　適量
水　700ml

★ブーケガルニ
タイム又はマジョラム(5cm長さ)2本と月桂樹1枚をタコ糸でくくる。

1 白いんげん豆を一晩水に浸けておく。
2 **1**の水をきり、別に準備した700mlの水と共にスープ鍋に入れ、豆が柔らかくなるまで蓋をして1時間ほど煮る。
3 小かぶ、にんじん、セロリ、じゃがいも、ベーコン、サラミ、にんにく、セロリシード、ブーケガルニを**2**の鍋に入れて煮立てる。塩・こしょうで下味をつけておく。
4 沸騰したら火を弱め、時々アクをとりながらコトコトと野菜が柔らかくなるまで1時間程煮る。
5 ブーケガルニを取り出し、キャベツと三度豆を加えさらに30分煮る。
6 塩、こしょうで味をととのえ、フランスパンと一緒にいただく。野菜や豆が身くずれして、とろみがついているくらいがおいしい。

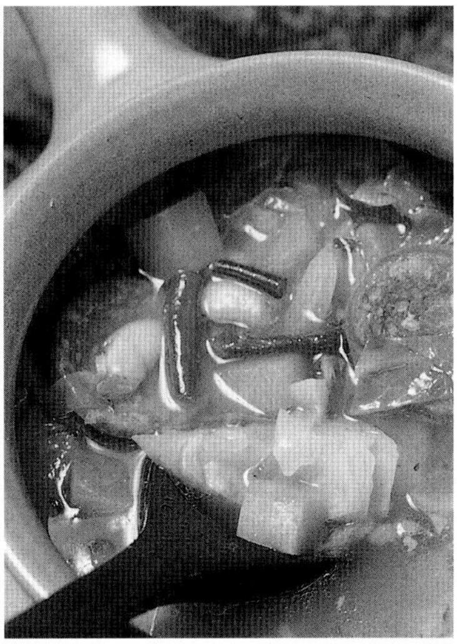

ハーブ・クリームチーズ
Herb Cheese

みじん切りにしたハーブをクリームチーズに混ぜたこのレシピは、簡単に作れるオードブルの一品です。ワインに合い、バケットやクラッカーにのせていただきます。ラップをして冷凍庫に入れておけば、2〜3ヶ月もちます。

★チャイブ・クリームチーズ
材料
チャイブ(生の葉のみじん切り)　大さじ5
塩・こしょう　適量
レモン汁　小さじ2
クリームチーズ　220g
飾り用チャイブ(生の葉のみじん切り)
　大さじ2

1 ボウルに飾り用以外の材料を全部入れ、木じゃくしを使ってよく混ぜる。
2 2等分にして丸い形にまとめ、それぞれラップで包み、冷蔵庫に入れておく。
3 少し固まったら冷蔵庫から取り出しラップを取り、チーズの上に飾り用のチャイブをまぶす。

★ハーブは他にレモンタイムやフェンネルを入れ、レモン汁の代わりににんにくのみじん切りを2片入れてもおいしい。

不眠を解消するために

鳥のさえずりで私は目が覚めました。家族の皆はまだ眠っています。布団の上で足を組んで座り、目をつぶって自分の呼吸に集中していきます。これは若い頃インドで習った瞑想で、私の日課となっています。それから庭の植物たちの様子を見に外に出て、枯れた花を摘んだり、のどが渇いてうなだれている植物には水をやり、風や重みで傾いた植物には支柱を添えてやります。新鮮な朝の空気とさわやかなハーブの香りが一日の活力を私に与えてくれるのです。

三〇代半ばの頃の私は、こんなさわやかな朝を迎えた日はありませんでした。三人の子供を育てながら仕事に追われるシングルマザーで、毎日やらなければならないたくさんの家事や仕事に忙殺されていました。当時、私の不眠症は深刻でした。くたくたに疲れているのに神経が高ぶって夜遅くなっても眠れません。眠れないとよけいなことを考えて、ますます不安になっていきます。睡眠薬は危険だと聞いていました。継続的に飲み続けるとだんだん効かなくなり量が増えていくそうです。それで、眠るためにウィスキーを飲んでいましたが、朝はいつも頭が重く体がだるい日々が続きました。

ある日、不調を感じて病院へ行くと静脈血栓と診断されました。長期間のストレスは病気に対する抵抗力を弱め、血を粘らせて肩こりや背中の痛みとなり、慢性病の原因になるということでした。

血液をサラサラにする薬を毎日飲み続け、ゆったりとした生活をするように医者に言われましたが、仕事に追われているのでそういうわけにもいきません。何と言っても、外国に留学させている三人の子供たちの学費を稼がなければならなかったのです。

そんなある日、現在の夫となる正に出会いました。彼は私の状態を見てこう言いました。「ベニシアは悪循環に陥っている。子供のためと思ってがんばって働いているけど、時間がないので何でもお金で解決しようとしている。それでお金がなくなるからますます働かなくてはならない。仕事を減らしたら家にいる時間も増えるでしょう。そうすれば、子供と過ごす時間ができるし、料理をしたり家庭のためにいろいろな物を作る時間ができるんじゃない？」。ちょうど上の二人の子供が卒業し、学費にあてる支出が減ったこともあり、私は仕事を減らすことにしました。

まずは夜間に行う英語の授業を減らしただけでも、不眠症治療に効果がでました。今ではガーデニングと散歩、それから週一回の山登りが、よく眠るための大切な日課となっています。屋外で土に触れ、植物を育てるガーデニングは、自然のリズムやサイクルに私を近づかせてくれます。夕方は、正と一緒に近所の森や田舎道を散策します。これは運動だけでなく山野草が花を咲かせているのを発見したり、近所の変化に気づいたり、また、その日の出来事などを話すいい機会にもなります。そして山登りは、体を心地よく疲れさせ、ぐっすり眠るための何よりも良い薬となっています。

私にとって夕食後のお風呂は体を洗うためというより、疲れを取り眠気を誘う効果の方が大切です。時には生のレモンバームやよもぎ、またはびわの葉をネットに包んでお湯に入れたり、ジャスミン、ローズ、ネロリをブレンドした入浴用のエッセンシャルオイルを入れます。入浴後は布団の上でゆっくりとヨガをして、温まった体を伸ばして柔らかくしてやります。ヨガは体と心をリラックスさせるのに効果的です。それからカモミールやパッションフラワーなどの眠たくなるハーブティーを飲みながら少し読書して、一〇時頃には寝るようにしています。

深夜一二時よりも前の睡眠は、深く質がいいそうです。それでも心配事などで眠れない日がたまにあります。そういう時は自家製のセントジョンズ・ワート・チンキを少し飲みます。それでも眠れないどうしようもない夜は、バレリアン・ルートのカプセルを飲みます。これはバレリアンというハーブの根から作ったものです。

日本には「早起きは三文の徳」という諺《ことわざ》がありますが、イギリスでは「早寝早起きは、人を健康で豊か、そして賢明にする」と言われています。

登山のためのハーブオイル
recipe page 131

風邪のためのシロップ
Syrups for Cough and Sore Throat

子供の頃飲んでいたイギリスの咳止めシロップはまずくてがまんして飲んだものですが、ここでは子供でも飲みやすい味にしました。ヒソップは咳、タイムはのどの痛み、しょうがは風邪の症状を緩和すると言われています。大さじ１杯のシロップをそのまま飲むか１カップの熱湯で薄めて飲みます。

ヒソップとタイムの咳止めシロップ

材料
しょうが（みじん切り）　100g
ヒソップ枝葉、タイムの枝葉（生かドライ）
　各１カップ
ブラウンシュガー　600g
水　800ml

1 ヒソップ、タイム、しょうが、水を鍋に入れ沸騰させ、弱火で30分煮てから漉す。
2 1を鍋に戻し、ブラウンシュガーを加え10分程火にかける。
3 ガラス瓶に入れ冷蔵庫に保存する。

のどの痛みにタイムのシロップ

材料
タイム（生又はドライの枝葉）　２カップ
水　800ml
柚子果汁　柚子２個分
しょうが（すりおろす）　50g
ブラウンシュガー　600g

1 鍋にタイム、しょうが、水を入れ30分間弱火で煮て漉す。
2 1を鍋に戻し、ブラウンシュガーを加え10分程火にかける。
3 2に柚子果汁を加え一煮立ちさせて火からおろす。
4 ガラス瓶に入れ冷蔵庫に保存する。

セントジョンズ・ワート・オイル
St. John's Wort Oil

五十肩になって腕があがらず苦労していた時、このオイルを塗ったところ不思議なことに約10分で痛みが治まりました。結局五十肩は１年ぐらい続いたので、その間毎日このオイルを愛用しました。このオイルは筋肉痛、肩こり、打ち身、坐骨神経痛、関節炎、ヘルペス、日焼けなどの症状も緩和すると言われています。患部に塗ってマッサージしてください。

材料
オーガニック・ヴァージンオリーブオイル
セントジョンズ・ワート（花穂の先から7cmぐらい切った花、蕾、葉、茎）

1 蓋が密閉できる透明なガラス製の瓶を用意する。
2 摘みたてのハーブを瓶の４分の３まで詰める。
3 ハーブが完全に浸かるようオリーブオイルを加え、蓋をしてよく振る。
4 暖かい日の当たる場所に１ヶ月間おき、毎日瓶を振る。
5 １ヶ月後、オイルの色が褐色に変わったら漉して保存瓶に入れる。冷暗所で保存すると、数年はもつ。

タイムとヒソップのシロップ。

セントジョンズ・ワート・チンキ
St. John's Wort Tincture

多くの薬効があるセントジョンズ・ワートは、中国では4000年、欧州では2000年以上も前から使われており、今、欧米では最も注目されているハーブのひとつです。私はこのチンキを不安やストレス、不眠症を和らげるために飲んでいます。飲み方は小さじ１杯を１日３回、症状がひどい時は１日６回、そのままか水で薄めて飲みます。子供、妊婦、精神疾患の薬を服用している人は飲まないように。

材料
セントジョンズ・ワート（花穂の先から
　7cmぐらい切った花、蕾、葉、茎）　12g
ウォッカ　200ml
精製水　200ml

1 セントジョンズ・ワートとウォッカをミキサーにかけ、殺菌した蓋が密閉できるガラス瓶に入れる。
2 ２日後、精製水を1に加える。
3 約２週間日なたにおき、時々容器を振る。
4 3を漉して、殺菌した蓋が密閉できるガラス瓶に移す。
5 冷暗所で保存する。

★フィーバーフュー（夏白菊）の葉を使っても同様に作れる。このチンキは頭痛、偏頭痛に効果的。

登山のためのハーブオイル
Mountain Rescue Remedy

私は時々山登りをしますが、1日歩いて棒のようになった足腰をこのオイルを塗ってマッサージすると筋肉痛が和らぎます。このオイルにも入っているティートゥリーオイルは、オーストラリアの先住民のアボリジニが古くから脚の痛みに使っていました。肌の乾燥を防ぎ、虫さされ、凍傷、水虫にも効くと言われ、私の登山装備の必需品になっています。

材料
スウィートアーモンドオイル　1カップ
ラベンダーのエッセンシャルオイル　10滴
ティートゥリーとレモングラスのエッセンシャルオイル　各8滴
シトロネラのエッセンシャルオイル　5滴

1 ボウルに上記の材料を入れて混ぜる。
2 色つきの小さいガラス瓶かプラスティック容器に入れる。

★筋肉痛にはマッサージのオイルとして使うかお湯に数滴入れてフットバスにするといい。

庭のハーブを入れたのどのスティーム。

のどのスティーム
Throat Steam

風邪でのどが痛い時や咳が止まらない時は、ハーブの有効成分を蒸気に溶かしこんでのどに通すスティームが効果的。1日2〜3回行うと症状が軽くなります。孫のジョーが風邪をひいた時は、症状が悪化する前にこのスティームを用います。

★のどのスティームに適した生、又は乾燥したハーブの枝葉
ユーカリ、タイム、ラングワート、レモンバーム、カラミント、マロウ、南天、ミント、ベルガモット

★のどのスティームに適したエッセンシャルオイル
風邪：バジル、ユーカリ、カンファー、シダーウッド、ベルガモット、クローブ、レモン
咳：シナモン、ジュニパー、ヒソップ、セージ、サイプレス
気管支炎：ミルラ、ユーカリ、セージ
喘息：ユーカリ、パイン、メリッサ（レモンバーム）、ベンゾイン、ミルラ
のどの痛み：クラリセージ、サイプレス、タイム

用意するもの
上述のハーブの枝葉　2〜3種
上述のエッセンシャルオイル　1〜2種
洗面器
バスタオル
熱湯

1 洗面器にハーブを入れ熱湯を注ぎエッセンシャルオイルを4〜5滴たらす。
2 1の洗面器の上にかがみ蒸気が逃げないようバスタオルをかぶる。そして口を大きく開けて蒸気を吸う（約10分間続ける。火傷しないように気をつける）。

セージのうがい薬
Sage Mouthwash

のどが弱い私はちょっと冷えただけで「風邪の菌にやられたかな」と感じることがあります。そんな時はすぐにこれでうがいをします。セージには殺菌消毒作用があると言われています。このうがい薬で私は歯ぐきの出血や口内炎を抑えています。風邪でのどが痛い時や咳が出る時にも効果があります。1日数回、そのまま口に含んでうがいをします。セージがたくさんある時に、多めに作って冷凍しておくといつでも使えて便利です。

材料
セージ（生の柔らかい葉）　6枚
水　250cc

1 鍋に水を入れ、沸騰したらセージを入れる。蓋をして弱火で20分間煮て漉す。
2 そのままうがいをする。

mont bell

冬
Winter

雪は一夜にして世界を変えるマジック。右上は、たくさん雪が降ったある日の晴れ渡った翌朝、我が家の2階の窓から見た大原。寒さに弱いハーブは室内に入れています。右下は、雪に埋まった我が家と庭。久しぶりの雪景色が嬉しい。上と左下は、雪の中で花を咲かせているローズマリー。下は、室内から見た裏庭。雪が積もった部屋のよう。左上は、鳥に食べられるのを待つ南天の実。左中は、霜が降りた庭のワイルドストロベリー。

クリスマスの始まり

イギリスでは、毎年クリスマスになるとキリストの誕生を祝います。いつ頃からクリスマスは始まったのでしょうか? キリストは起源元年一二月二五日に生まれたと、一般には信じられています。しかし、いくつかの説があり、ある記録によれば紀元前七年三月七日とも言われています。

古代ローマ帝国は、一二月一七から二五日のサタネリアという豊穣を願う祭りをキリストの誕生日としました。ローマ帝国はキリスト教を布教するうえで民衆に受け入れやすくするために、昔から伝わる風習にキリスト教の行事を組み入れたのです。古代ローマでは、年末に裕福な人々が貧しい人々に金品を恵み、新年には家族や友人の間でプレゼントを交換するという慣習がありました。これが今ではクリスマスチャリティーやクリスマスプレゼントに引き継がれています。

北ヨーロッパでは毎年一二月二一日に、冬至のお祭りがありました。北ヨーロッパに住んでいたケルトやバイキングの人々は、森にある大きな木を切り倒してその幹を森の広場で燃やし、大自然の神々を称えました。その炎は一二月六日から約一ヶ月間絶やされることがなかったということです。人々はその火を囲み、飲んで、食べて、英雄や物語の歌を歌ったということです。

アングロサクソンの人々は、この習慣をワセイリング(Wassailing)と呼んでいました。ワセイルとは、健康を意味します。スパイス、砂糖、焼いたりんごを入れた温かいビールを大きなワセイルボウルに入れ、幸福と健康を祈って皆で回して飲みました。これが後にクリスマスホットスパイスワインとなりました。また、その時食べたのは干し肉、小麦粉、干しプラム、りんご、スパイスが入ったお粥でした。このお粥が後にクリスマス・プディングやクリスマスケーキに発展します。焚き火を囲んで合唱するのは、キャロルソングとなりました。

古代ドイツでは、一二月二一日の冬至の祭りに、獲物を「命の木」と呼ばれる樅の木に吊るして森の神に感謝しました。キリスト教が伝わると「命の木」のてっぺんには、キリストが誕生した時に現れた大きな星が飾られるようになりました。また、吊るされた獲物は木工細工の動物やオーナメントに変わっていきました。これが、クリスマスツリーの起こりだそうです。

クリスマスツリーは、ヨーロッパで広まるより先に、ドイツ移民によってまずアメリカに伝えられました。イギリスでは一八四一年、ドイツ出身のアルバート王子が、花嫁となったヴィクトリア女王にクリスマスツリーをプレゼントしました。これがウィンザー城で初めてのクリスマスツリーでした。やがて一八六〇年頃までには、クリスマスツリーを飾る慣習は欧米各地に広まったということです。

クリスマスという名前が正式にキリスト教会により発表されたのは一一世紀のことです。それまでは、様々な違った名前で呼ばれていたようです。歴史を振り返ればクリスマスは古代から伝わる冬至の祭りと深く関わっており、キリスト教だけのお祭りではありません。私たちの生命をつなぐ食物やすみかを与えてくれる地球と太陽に感謝し、健康と幸せを祈るお祭りなのです。

大原の我が家のクリスマスは、私が子供の頃体験したイギリスの母のやり方にならっています。一一月半ばになるとクリスマス・プディングやケーキ、ミンスパイの準備で大忙し。一二月入ると、近くの森で、樅の木やヒイラギなどの常緑樹の葉や様々な赤い実を集め、クリスマスツリーやキャンドルホルダー、スワッグ、リースなどの飾りつけにかかります。すると、気分はすっかりクリスマス。

一二月二四日には、子供たちがサンタさん宛に書いた手紙を入れた大きな靴下をベッドに吊るしておきます。そして、二五日は、朝からクリスマスディナーの準備です。ローストターキーにクランベリーソース、グレイビー……。付け合わせはローストポテト、ジンジャーオレンジキャロット、芽キャベツと栗。メインコースは毎年同じです。ディナーが終わり、ブランデーの青い炎に包まれたクリスマス・プディングを食べると、いよいよ子供たちお待ちかねのプレゼント交換の時間になり、また家中が賑やかになります。

クリスマスの飾り付けに使う材料を捜しに、近くの森に行きました。

ホットスパイスワイン
Christmas Hot Spice Wine

昔イギリスでは、クリスマスの季節になると地元の子供たちが聖歌隊を結成して、各家庭を回っていました。聖歌がだんだん家に近づいてくると、私はわくわくしました。聖歌隊が家の玄関前で2、3曲歌い終えると、母は彼らを家に招き入れ、暖炉が燃える温かい部屋でこのワインとミンスパイを出しました。イギリスではこの季節に訪ねてくるお客様にこのワインを出す習慣があります。12歳になると私も聖歌隊に参加するようになりました。ワインでほろ酔いになり、聖歌を合唱しながら冬の夜道を歩いたことを思い出します。

材料（10人分）
ブランデー　100ml
赤ワイン　½本（375ml）
オレンジのスライス　¼個分
レモンのスライス　½個分
砂糖　大さじ3
シナモン（粒）　小さじ¼
クローブ（粒）　小さじ¼
オールスパイス（粒）　小さじ¼
ナツメグ（粒）　小さじ¼
スパイスは、粒がなければ粉でも良い。

1 鍋にすべての材料を入れ、沸騰しないように弱火にかけ温める。
2 熱いうちに小さめのグラスに注いで出す。

★冷めたら温め直して出す。アルコール分を弱くする場合は、オレンジ、又はりんごジュースで薄める。

ホットスパイスワインをセルフサービスでどうぞ。

シュトーレン
Stollen

シュトーレンはドイツやオーストリアでクリスマスの季節に食べるパン菓子。その昔、イギリスで冬至に作られたドライフルーツや肉入りの粥が、クリスマス・プディングやミンスパイに変わっていったように、ドイツではシュトーレンになりました。その形は布に包まれた赤ちゃんのキリストの形と言われています。

材料（1ローフ分）
牛乳　160ml
砂糖　40g
ドライイースト　小さじ2
小麦粉　450g
塩　小さじ¼
バター　100g
卵　1個
ラム酒　大さじ3
材料A
　レーズン　50g
　サルタナス　25g
　オレンジピール砂糖漬け（刻む）　40g
　アーモンド（刻む）　½カップ
仕上げ用
　粉砂糖　大さじ3
　シナモン　小さじ1
　バター　大さじ2

1 人肌に温めた牛乳、砂糖、ドライイーストを混ぜ合わせ泡が立つまで温かい場所におく。
2 ボウルに小麦粉と塩、1と溶かしたバター、溶き卵、ラム酒を入れよくこねる。
3 材料Aを2に入れてさらにこねる。
4 油を塗ったボウルに生地を入れ、ラップをかけて温かいところ（こたつの中など）に約2時間おいて発酵させる。
5 膨れた生地を台の上でもう一度こね、約30cm×20cmの長方形にする。
6 三つ折りにし、オーブン用のトレイに置いて、さらに20分間温かい場所でねかせる。
7 200℃のオーブンで25～30分間焼く。
8 少し冷ましてから、溶かしたバターを上に塗りシナモンと粉砂糖をふりかける。金網の上にのせて冷ます。

クリスマスキャロルを聴きながらクリスマスディナーを準備します。

クリスマス・プディング
Christmas Pudding

プディングは、イギリスのクリスマスディナーの最後に出るご馳走で、約5世紀のケルト・キリスト教時代の前から受け継がれてきた代表的な冬のお菓子です。部屋の灯りを消して、ブランデーで燃える青い炎に包まれたこのお菓子を見ると、太古の人々が祝った聖なる炎を想います。お菓子を切り分ける時、皆の視線が集まります。プディングの底にはコインが隠されており、それを見付けた人には幸運が回ってくると言われているからです。私たち兄弟は宝探しのような気分でこのお菓子を食べました。

材料
りんご(すりおろす)　50g
小麦粉　150g
シナモン(粉)　小さじ½
ナツメグ(粉)　小さじ¼
オールスパイス(粉)　小さじ¼
塩　大さじ½
生パン粉　50g
レーズン　1½カップ
サルタナス　1カップ
カーラント　1カップ
ナツメヤシ(みじん切り)　⅙カップ
ブラウンシュガー　170g
マーガリン　½カップ
卵　2個
黒ビール　75ml
ブランデー　50ml
モラセスシュガー　大さじ½
生クリーム　適宜

1 小麦粉、シナモン、ナツメグ、オールスパイス、塩をボウルに入れ混ぜる。
2 さらにレーズン、サルタナス、カーラント、ナツメヤシ、ブラウンシュガー、生パン粉、りんご、マーガリンを入れて混ぜる。
3 2に溶き卵、黒ビール、ブランデー、モラセスシュガーを加えよくかき混ぜて一晩おく。
4 3を1.5リットルの型に入れ、表面をクッキングシートで覆い、下の写真のように薄地綿布で包んで糸で縛り、弱火で焦げ茶色になるまで8〜10時間蒸す。時々、蒸し器に水を足す。
5 蒸し上がったら布とクッキングシートを外して冷ます。
6 5が冷めたら表面を再びクッキングシートで被い、密閉できる缶に入れてクリスマスまで保存する。
7 食べる前に2時間ほど蒸して温める。型から出して、プディングの底にコインを埋め込む。コインは、アルミホイルに包んでおくと良い。
8 ホイップクリームを添えて出す。

★イギリスでは、プディングを出す時、電気を消して部屋を暗くし、ブランデーをプディングに1〜2カップかけ、マッチで火をつけて、青く燃える炎の光を楽しむ。
★プディングは、クリスマスの1ヶ月以上前に作り、ねかせて味を熟成させます。約6ヶ月はもつので、食べる時は蒸し器で温める。

4

左は、母から習ったイギリスの定番のクリスマスディナー。室内のあちこちに大原の山から採ってきた材料で作ったキャンドルを飾る。

トラディショナル・フルーツケーキ

Traditional Christmas Fruit Cake

これはイギリスの伝統的なクリスマスケーキです。このケーキは通常11月に作っておき、味を熟成させます。長持ちするケーキなので、クリスマス前から新年までの長い期間楽しめます。

材料（ケーキ用丸型1つ分、又はパウンドケーキ型2つ分）
小麦粉　450g
ブラウンシュガー　250g
塩　小さじ2
ベーキングパウダー　小さじ2
シナモン(粉)　小さじ2
ナツメグ(粉)　小さじ1
オレンジジュース　110ml
ブランデー　110ml
サラダ油　220ml
卵（よくかき混ぜる）　4個
モラセスシュガー　¼カップ
レーズン　3カップ
ナツメヤシ(粗いみじん切り)　1カップ
レッドチェリー（半分に切る）　10個
アーモンド(粗いみじん切り)　1カップ
くるみ(粗いみじん切り)　2カップ
表面に塗るブランデー　少々

1 ボウルに小麦粉、ブラウンシュガー、塩、ベーキングパウダー、シナモン、ナツメグを入れて混ぜ合わせる。
2 1にオレンジジュース、ブランデー、サラダ油、モラセスシュガーを加えてよく混ぜ、さらに卵を入れて全体を混ぜ合わせる。
3 2にレーズン、ナツメヤシ、レッドチェリー、アーモンド、くるみを加えてさらに混ぜる。
4 ケーキ型にサラダ油を塗り、3を流しこむ。
5 オーブン用トレイに水を入れて、その上にケーキ型を置き180℃のオーブンで約2時間焼く（パウンドケーキ型の場合は約1時間）。水が蒸発しないよう時々オーブン用トレイに水を加える。
6 ケーキが冷えたらケーキ型から取り出して、ブランデーをかける。
7 綿の布で包みケーキのケースに入れてクリスマスまで保存する。
8 12月の2週目ぐらいからケーキを飾る。ケーキの表面に粉砂糖をふりかけ、ヒイラギや木の実、クリスマスの小物などで飾る。

6

ローストターキー

Roast Turkey with Sage and Onion Stuffing

イギリスの家庭では、毎年クリスマスにローストターキーを焼きます。ターキーを焼く前日にスタッフィングを詰めておき、クリスマスディナーが始まる午後1時頃に間に合うようにオーブンに入れます。できあがったローストターキーを各自の皿に切り分けるのは、家の主人の役目です。

材料（6～8人分）
七面鳥　1羽（5～6kg）
玉ねぎ　1個
クローブ(粒)　8個
月桂樹　1枚
バター　50g
ベーコン　2～3枚
塩・こしょう

スタッフィング用
バター　40g
玉ねぎ(みじん切り)　中1個
にんにく(すりおろす)　1片
ポークハム(1cm乱切り)　100g
生パン粉　75g
レモン(果汁を搾り、皮をすりおろす)　½個
セージ(生又は乾燥の葉のみじん切り)
　大さじ3
卵（よく溶く）　1個
塩・こしょう　適量

1 スープストックを作る。玉ねぎは皮をむいて、周りにクローブを深く差し込んでおく。鍋に水を約2リットル入れて沸騰したら、七面鳥の首の骨とレバー、月桂樹、クローブ付きの玉ねぎを入れてアクを取り、弱火で1時間くらい煮こむ(通常、首の骨とレバーは七面鳥の腹の中に入っている)。
2 次にスタッフィングを作る。フライパンにバターを溶かし、玉ねぎを黄金色になるまで炒める。
3 ボウルに2、にんにく、生パン粉、レモンの皮と果汁、セージ、卵、ポークハムを入れてよく混ぜ合わせ、塩とこしょうで味をととのえる。
4 スタッフィングを詰めて焼く。七面鳥の外側と内側をペーパータオルでよく拭き、3の詰め物を七面鳥の腹に詰めて、表面に塩・こしょうをすりこむ。脚が開かないようにタコ糸で縛る。オーブン皿にバターと七面鳥を置き、七面鳥の表面にベーコンをのせる。
5 180℃に温めておいたオーブンで約3時間焼く。焦げないようにアルミホイルで覆い、肉が乾かないようにスープストックを約30分おきにレードル1杯ぐらいかける。
6 中まで完全に火が通る少し前にアルミホイルを外して、さらに20分間焼いて、表面にきつね色の焦げ目をつける。
7 大きめの楕円形の皿にのせ、切りやすくなるように約30分経ってから薄くスライスして切り分ける。グレイビーソースとクランベリーソースを添えて出す。

★グレイビーソースは、ソースパンにコーンスターチ大さじ2、七面鳥の焼き汁、スープストック約500mlを入れて、火にかけてとろみが出るまでよく混ぜる。とろみの濃さは残りのスープストックの量で調整する。しょうゆ、塩、こしょうで味をととのえる。
★七面鳥が手に入らない時は鶏肉で代用できる。
★生のクランベリーは手に入りにくいので、クランベリーソースはできあいのものを使うのが一般的。
★イギリスではローストターキーに、芽キャベツと栗、ジンジャーオレンジキャロット、ローストポテトの3品を必ず付け合わせます。

1

4

● 芽キャベツと栗

材料（6～8人分）
芽キャベツ　1kg
バター　50g
栗の甘露煮（瓶詰め）　10個
塩・こしょう　適量

1 芽キャベツを丁寧に洗い、底にナイフで十字に切れ目を入れておく。
2 鍋に水を多めに入れて沸騰させ、塩を少し入れて芽キャベツを12～14分茹でて、水気をきる。
3 ソースパンに火をかけ、バターを溶かし、2の芽キャベツと栗を入れて軽く混ぜ、塩とこしょうで味付けする。

● ジンジャーオレンジキャロット

材料（6～8人分）
にんじん(皮をむいた5mmの薄切り)　1kg
バター　50g
しょうが(おろす)　小さじ1
果汁100%のオレンジジュース　300ml
パセリ(生をみじん切り)　大さじ2
塩・こしょう　適量

1 鍋に薄切りにしたにんじん、バター、しょうがを入れて軽く炒め、塩、こしょうを加える。
2 1にオレンジジュースを入れ、15～20分間にんじんが柔らかくなるまで弱火で煮る。塩・こしょうで味をととのえる。水気をきってパセリをふる。

● ローズマリー・ローストポテト

材料（6～8人分）
じゃがいも(皮をむき2つに切る)　1.5kg
バター　60g
ローズマリー(1枝約10cm、生の葉を細かく刻む)　4枝
塩　適量

1 鍋に水を入れ沸騰させ、塩を入れて硬めにじゃがいもを茹でる。
2 オーブン用トレイに1のじゃがいもを入れ、溶かしたバター、ローズマリー、塩をかける。
3 190℃に温めておいたオーブンに入れ、表面がカリッとなるまで30分程ローストする。途中で裏返して両面焼く。

クリスマス・ハーブリース
Christmas Herb Wreath

円という形は無限や不死を表し、常緑樹は長寿や不死を意味します。この2つが結びつき、常緑樹でリースが作られるようになり、宗教的な儀式や飾り物に使われてきました。今日のクリスマスリースは19世紀に北ヨーロッパで始まり、緑色は生命、赤色はキリストの血を表しています。このハーブのリースは、後でそのまま料理用のハーブとして使えます。

材料
割箸　1本
オアシス　2ブロック
リース用金網　1m
針金　適量
ローズマリーの枝(10cm以上) 30枝
タイムの枝（約7cm） 6枝
ラフィア(飾り紐)　適量
赤唐辛子　6本
シナモンスティック　4本
月桂樹の枝葉（約10cm） 6枝
緑か金色のリボン　適量
赤い実が付いた南天などの枝　適量

1 オアシスを水で湿らせ約3cm×3cm×14cmに切り、直方体を7本用意する。
2 1のオアシスをワイヤーで包み円形に形を整える。
3 割り箸を底と上に入れ針金で止め、吊るすためのフックを針金で作る。
4 ローズマリーをリースの周りに挿し、ラフィアでタイムとシナモンを束にしたものを2つ作り、リースにくくりつける。
5 残りもオアシスに差しリボンで飾る。

ホップのキャンドルホルダー
Herbal Hop Candle Holder

大原の庭や野山を歩いて見つけた材料で作ってみました。アイディア次第で、身近にある草や木の枝を使って様々なクリスマスの飾りができます。

材料
オアシス　適量
アルミ皿　1つ
キャンドル(白か金色の長いもの)　1本
ホップの花　30個
月桂樹の枝葉　6本
金のオーナメント　2個

1 オアシスを高さ10cm、直径12cmくらいの大きさの半球型に削る。
2 削ったオアシスのまん中にキャンドルを立て、オアシスをアルミ皿の上に据え付ける。
3 ホップの花が崩れないようにグルーガンを使って、オアシスを覆うように飾る。
4 さらに月桂樹の枝葉を飾りつけ、最後に金のオーナメントを付ける。

カーゾン家の
クリスマス・キャンドル飾り
Curzon Christmas Candle Decoration

私の母の実家、カーゾン家ではクリスマスイブの夕方にはすべての部屋にキャンドルを灯します。毎年12月になると母や弟、妹と一緒にクリスマス・キャンドルの飾りをたくさん作りました。材料は近くの森で見つけた樅や松などの常緑樹の葉とヒイラギなどの赤い実、松ぼっくりでした。

材料
バスケット(オアシスが入るもの)　1つ
アルミ皿　1枚
10cm角のオアシス　1個
キャンドル(赤か金色の長いもの)　1本
松ぼっくり　3個
針金　適量
赤い実が付いた樹木の小枝（ヒイラギ、南天、千両など）　適量
常緑針葉樹の小枝（松、樅、杉、檜など）　適量
オーナメント(飾り)　2～3個

1 松ぼっくりを金銀のスプレーで色をつけ、オアシスに挿すため針金をつける。
2 バスケットの中にアルミ皿を入れ、そこに水に浸しておいたオアシスを取り付ける。
3 オアシスにキャンドルを挿しこみ、その周りを赤い実の樹木の小枝、常緑針葉樹の小枝、1の松ぼっくり、オーナメントで飾りつける。

★ 植物の小枝がしおれないよう、乾いたらオアシスに水を注ぐ。

ポマンダー
Pomander

ゴミ処理や下水などの設備が整っていなかった中世のヨーロッパでは、悪臭を避けるため、ポマンダーや匂い袋を鼻にあてて道を歩いたそうです。時代は流れて今日、ポマンダーはクリスマスの贈り物となりました。虫除け消臭効果があるので、クローゼットに入れて使います。

材料
オレンジ(又はライム)　1個
クローブ(粒)　50g
オリスルート(粉)　大さじ4
シナモン(粉)　小さじ1
オールスパイス(粉)　小さじ1
リボン(赤あるいは緑)　適量
竹串（又は楊枝）
セロテープ

1 オレンジの表皮を拭いて十文字にセロテープを巻く。
2 オレンジの皮全面にクローブを挿していく(セロテープを貼っていない部分に挿すが、挿しにくい場合は先に竹串で穴をあけておく。オレンジが乾燥すると少し縮むので、ある程度の間隔を開ける)。
3 **2**をオリスルート、シナモン、オールスパイスを混ぜた皿の中でころがしてスパイスをまわりにつける。
4 紙袋に**3**のオレンジを入れて、風通しの良いところに2週間ぶら下げておく。
5 袋から**4**を出して軽く振って粉をおとし、セロテープをはずして、そこにリボンをまく。

月桂樹とクローブの鍋敷き
Aromatic Hot Mat

この鍋敷きの上に熱いスープやシチューの鍋を置くと、熱で月桂樹とクローブの良い香りが食卓の周りに漂います。

材料
厚手のコットン生地(約25cm×45cm)　1枚
リボン(20cm)　1本
刺繍用の綿糸　適量
月桂樹の葉　1カップ
クローブ(粒)　大さじ1

1 コットン生地を2つに折って20cm四方の袋を作る。
2 月桂樹とクローブを軽くすり鉢でつぶし、香りが出やすいようにしておく。
3 **2**を**1**に詰め、縫って閉じる。
4 鍋敷きをぶら下げることができるように、端にリボンをつける。
5 刺繍用の綿糸を撚り合わせて作った紐を、鍋敷きの中心に通して飾り結びを作る。この結び目があると、鍋敷きの中身がかたよらない。

ラベンダーとホップのクッション
Lavender Hop Herb Cushion

毎年、夏になると我が家のテラスの前はホップの蔓が日陰を作ってくれます。ホップは淡い緑の蕾をたくさん付け、私はそれを摘んで乾かしておき、クッションを作ります。ホップの蕾は軽くて嵩がありクッションの中味にするのに良く、ラベンダーと共にリラックスさせてくれるハーブです。

材料
布地、綿、レース又はリボン　各適量
ラベンダーのエッセンシャルオイル　数滴
ホップの蕾（ドライ）とラベンダーの花を乾燥させたもの

1 大きめの容器にホップ2、ラベンダー1の割合で入れて混ぜ、ラベンダーのエッセンシャルオイルをたらす。
2 好みのサイズのクッションカバーを布地で作り、綿と**1**を同量の割合にして中に詰める。
3 中味が出ないよう縫い合わせ、レースかリボンで飾る。

★ホップがない場合は下記のような香りがいいハーブを入れても良い。
ペパーミント、レモンバーム、センティッドゼラニウム、タイム、マジョラム、ベルガモット、レモンバーベナ

冬の午後、冷たい北風を頬に感じながら高野川の土手を歩きました。

大原のお年寄りは、日本のハーブの知恵袋

大原では、家の近くの土手や野山に、おおばこ、どくだみ、げんのしょうこ、せんぶり、よもぎなどの日本のハーブが自生しています。私は西洋のハーブだけでなくそういった日本のハーブも活用しています。

どくだみやげんのしょうこはハーブティーにします。多くの薬効があることからどくだみは十薬、また、げんのしょうこ（現の証拠）は医者いらずとも呼ばれています。夏の乾燥した暑い日に摘み取って乾燥させます。どくだみは苦いのでミントとブレンドして飲み、げんのしょうこはお腹が痛い時に飲んでいます。

よもぎはケーキやパンに入れて使います。春に若葉を摘んでさっと茹でてミキサーでピューレ状にし、小分けして冷凍しておきます。よもぎは浄化作用があり、疲労回復や花粉症に効き、お風呂に入れると湿疹や腰痛に効果があるということです。よもぎの他にもびわの葉やかりん、みかん、柚子を気が向いた時にお風呂に入れて楽しんでいます。

夏には一年分のしそジュースを作ります。大原名産の柴漬けの材料となるしそは、あちこちの畑に植えられているので、種が飛んでくるのかいろいろなところから勝手に生えてくるのです。正月には十種類の薬草が入ったお屠蘇で一年の無病息災を願い、一月七日は私流にアレンジした七草粥を作っています。

近所のお年寄りは、そこらあたりに生えている食べられる山野草や薬草になる植物について教えてくれます。長年田舎で暮らしている彼らは、そういった日本のハーブについての知識が本当に豊かです。毎週日曜日に開かれる朝市も私にとっては日本のハーブを学べる場です。そこでは、大原で採れた野菜の他に、近くの山で採れた蕗、うど、こしあぶら、のかんぞうなどの山菜も売られているので、食べ方を聞いて作ってみるだけでなく、その植物を覚えて、散歩ついでに近くの野山で収穫することも楽しみとなっています。

食べられる山野草の生き字引きとも言える中東久雄さんについて、ここでぜひ触れておきたいと思います。彼は山野草の料理で有名な料理店「草喰なかひがし」のご主人です。ここで「山菜」でなく「食べられる山野草」と書いたのは、彼が使うのは誰もが知っている蕗やうどのような一般的な山菜だけではないからです。

ある日、天ぷらを作ろうとして卵を切らしていることに気づきました。近所の養鶏場へ歩いて行くと、畦道にかがみこんで何かを探している男性に気づきました。話しかけてみるとチャイブに似た植物を私に見せて「のびるを探しているんです。野生のねぎですよ」と彼は答えました。それが中東さんとの出会いでした。

彼はしばしば、食材となる山野草を探しに大原に来ます。「フランス料理ではこれでソースを作るんですよ」と言って、畦道で収穫したすいばという草を見せてくれました。葉を一枚むしって口の中に入れると酸味が広がりました。どこかで食べたことのある懐かしい味です。「ソレル！　どうしてこんなところにソレルが生えているの？　ヨーロッパではこれをサラダに使っているんですよ」と私。家に帰って図鑑で調べると次のような解説を見つけました。「西洋野菜のソレルはすいばを改良したもの……」。

しばらく経ったある日「なかひがし」ののれんをくぐりました。一ヶ月先まで予約で埋まるお店なので、すぐには行けなかったのです。料理が生きていて実においしく、芸術的で感動しました。何より驚いたのは、野山に人知れず自生している山野草が、彼の腕とアイディアで魔法のように生まれ変わっていることでした。

中東さんや近所のお年寄りや朝市で山菜を売っている人は、私の日本のハーブの先生です。彼らはそれをハーブと呼ばないでしょうが、それは呼び方が違うだけでハーブなのです。私たちの生活に関わって何らかの役に立つ植物は、広い意味で、すべてハーブだと私は思っています。ここ一〇年ぐらいの間に日本ではハーブが広まり、その使い方や効能などに興味を持つ人が増えました。しかし、西洋のハーブばかりがもてはやされているようです。この国にも原産のハーブがあり、昔から伝わる独自のハーブ文化があります。身近なところにある、日本のハーブにもっと目を向けたいものです。

春の七草。せり、なずな（ぺんぺん草）、ははこぐさ（ごぎょう）、はこべ（はこべら）、ほとけのざ、すずな（かぶ）、すずしろ（大根）。

七草粥

Nanakusa Rice Gruel

1年の無病息災を願って1月7日に七草粥を食べる習慣は、醍醐天皇の時代(897～930)に宮廷で始まり、江戸時代中期には一般庶民にも広がったそうです。七草は栄養満点の日本のハーブです。

★ははこぐさ(ごぎょう)
日当たりの良いところに育つ2年草。葉はサラダや料理の飾りとして使え、茹でてゴマ和えにするとおいしい。咳、痰、扁桃腺の腫れを緩和する。

★すずな(かぶ)
かぶの一種。根の部分にアミノ酸、グルコース、ビタミンCを含み、葉はビタミンA、B_1、B_2、Cに富む。

★せり
沼地や川床に生える多年草。ミネラル、鉄分、カルシウム、ビタミンCに富み、リウマチや高血圧を緩和する。食欲を増進する。

★ほとけのざ(こおにたびらこ)
春の七草の「ほとけのざ」はしそ科の「仏の座」ではない。きく科の「小鬼田平子」の古名。新芽を摘み軽く茹でて食べると良い。胃の調子を整える。

★はこべ(はこべら)
田畑の畦道などに育つ2年草。カリウム、鉄分、カルシウムに富み、ビタミンA、B、Cも含む。茹でて和え物などにしサラダハーブとしても使える。

★すずしろ(大根)
根はミネラル、ビタミンCを多く含むが葉にはもっと栄養がある。

★なずな(ぺんぺん草)
道端や畑に育つ2年草。葉はサラダとしても使える。血液の循環を促進し、血圧を下げ、下痢を緩和する。膀胱炎と静脈瘤の症状を和らげる。

★チャービル
七草粥に合う西洋ハーブで日陰の湿り気のある土壌に育つ。葉はパセリのように飾りとしても使う。ビタミンC、鉄分、マグネシウム、カロチンがあり、解毒作用がある。血液の循環を調整する。

材料　(4人分)
米　1カップ
水　7カップ
酒　大さじ1½
薄口しょうゆ　大さじ½
塩　大さじ½
卵　1個(好みで)
せり、なずな、ははこぐさ、はこべ、ほとけのざ、すずな、すずしろ、チャービル(この中から手に入るハーブだけでもいい)

1 ハーブを洗ってみじん切りにする。
2 米を洗い、鍋に米と水を入れ蓋をせずに強火にかける。
3 沸騰したら火をおとし30分間煮る。
4 酒、しょうゆ、塩を加える。
5 ハーブを加えて3分間煮る。
6 好みで溶き卵を加える。

日本のハーブに詳しい中東久雄さんに、大原の野原で春の七草のことを教えてもらいました。

トマトハーブ鍋

Tomato Herb Nabe

私は冬の間よく鍋料理を作ります。ある日、息子の悠仁が友達の家で夕食をご馳走になって、帰ってくるなり「すごくおいしいトマト鍋を食べたよ！」と言いました。悠仁の話を聞いて、ブイヤベースと日本の鍋をアレンジした新しいハーブ鍋のアイディアが浮かび上がりました。

材料（4人分）
魚介類（いか、たら、海老、鮭、ムール貝など）　適量
鍋料理に適した野菜（白菜、白ねぎ、しめじ、椎茸、なめこ、豆腐など）　適量
フェンネル、コリアンダー、パセリ（生の枝葉を粗くみじん切り）　各適量
バジル（生の枝葉）　適量
トマト缶（又はトマト大2個）　1缶
トマトピューレ　大さじ1〜2
サフラン　小さじ1
白ワイン　3カップ
水　2カップ
にんにく（みじん切り）　4片
オリーブオイル　大さじ3
塩・こしょう　適量
パルメザンチーズ　適量
茹でたスパゲティ　4人分

1 野菜や豆腐、魚介類をさばいて食べやすい大きさに切り大皿に盛る。
2 フライパンでにんにくを軽く炒める。
3 鍋に2のにんにく、オリーブオイル、白ワイン、水、塩・こしょう、サフラン、トマト缶、トマトピューレを入れ火にかける。
4 貝、魚、豆腐、野菜を入れ蓋をする。
5 具が煮えたらハーブを入れ普通の鍋と同じように各自皿に取っていただく。
6 最後にスパゲティを入れ好みでパルメザンチーズをふる。必要に応じてワインや水を足す。

うどんの代わりにスパゲティを入れて。

はこべとパセリとサーモンのディップ

Chickweed & Parsley Smoked Salmon Dip

にんじん、セロリ、きゅうりのスティックに合うディップで、子供たちにビタミンたっぷりの生野菜を食べさせるのにぴったりです。春の七草のひとつであるはこべは、ビタミンA、B、Cとミネラルが含まれています。早春に道端や草地で若葉を見つけて。サラダにも合います。

材料
はこべ(生の葉を粗くみじん切り)　25g
パセリかディル
　(生の葉を粗くみじん切り)　25g
スモークサーモン(粗くみじん切り)
　3切れ分
カッテージチーズ(クリームチーズ)　225g
マヨネーズ　大さじ2
塩・こしょう　適量

1 ボウルにすべての材料を混ぜ合わせ、塩とこしょうで味をととのえる。
2 生野菜に添えて出す。

ハーブマヨネーズ

Herb Mayonnaise

イギリスには、おいしい市販のマヨネーズがなかったので、母はいつも自分で作っていました。私も母にならって子供の時からマヨネーズを作るようになりました。ここで挙げるハーブ以外にも、好みのハーブを入れて、オリジナルマヨネーズを作ってみてください。

材料
卵黄　1個分
砂糖　小さじ½
塩　小さじ¼
こしょう　少々
レモン汁、又は酢　大さじ2
サラダ油　1カップ
チャービル、パセリ、チャイブ(生の葉をみじん切り)　各適量

1 小さいボウルに卵黄、砂糖、塩、こしょう、レモン汁半分を入れよく混ぜる。
2 1にサラダ油を数滴ずつ加えながら泡立て器で攪拌する。
3 硬く泡立ったら残りのレモン汁とみじん切りにしたハーブを加えて混ぜる。

左は、大原の土手に自生するはこべ。右は我が家の庭で育つげんのしょうこ。

ベニシア風お屠蘇

Venetia's Otoso, Winter Tonic

屠蘇とは邪気を屠絶し魂を蘇らすという意味を持ち、無病息災、延命長寿の願いが込められた正月の飲み物です。お屠蘇が中国から日本に伝わったのは平安時代で正月にお屠蘇を飲む習慣はまず宮廷で広がり、江戸時代なると庶民の間にも広がりました。数種類の薬草（ハーブ）の薬効成分を酒に浸出させて飲むお屠蘇は、体にいいので私の家族は、元旦だけでなく冬のスペシャルトニックとして飲んでいます。

材料
屠蘇散　1袋
しょうが（生をみじん切り）　小さじ1
朝鮮人参（乾燥根をみじん切り）小さじ1
蜂蜜　大さじ2
酒　400cc

1 屠蘇散としょうが、朝鮮人参を酒に5時間浸し蜂蜜で甘みをつける。
2 漉してお屠蘇の容器に入れていただく。

ベニシアの屠蘇散ハーブについて

★ばっかつ（さるとりいばら）
リウマチ、黄疸、痛風、関節炎の症状を緩和する。

★防風
血行を良くし体を温め、活力を与える。頭痛、肩こり、関節炎の症状を緩和する。夏に根の部分を収穫し、日陰で乾燥させる。

★肉桂《にっけい》（シナモン）
樹皮の部分を使用する。免疫力を高め、精神的疲労と、気分の落ち込みを和らげる。

★大黄《だいおう》（だいおう）
根茎が便秘や下痢を和らげ、活力を与える。漢方では停滞した血液の流れを改善し、肝臓を浄化すると言われている。

★山椒
消化器の寄生虫を発生しにくくする。実を使う。

★白《びゃく》じゅつ（おけら）
主に消化器に働く。根の部分のみを使用する。

★桔梗
咳や鼻汁、のどの痛みを和らげる。根の部分を使用する。

★朝鮮人参
子宝を待つ男性や更年期の男性に良い効果が期待できる。活力を与え、精神を安定させる。

★しょうが
血液の流れを促進し、筋肉痛や物忘れに良い。

玄米・ハーブ・ナッツのローフ

recipe page 158

ローズマリーと椎茸のサラダ

豚フィレ肉のセージとオレンジ風味

豚フィレ肉の
セージとオレンジ風味

Pork Fillet with Sage and Orange

photo page 157

豚肉にセージの香りとオレンジの酸味はよく合います。セージは豚肉の脂っぽい臭いを取り、消化を促進させる働きがあります。ちょっと変わったこのヨーロッパの味はお客様に好評です。

材料（4人分）
豚フィレ肉（かたまり）　約400g
バター　20g
ドライシェリー　¼カップ
チキンストック　¾カップ
にんにく（みじん切り）　2片
オレンジ（皮はすりおろし、果汁は搾る）
　1個
セージ（生の葉をみじん切り）　4枚
コーンスターチ　小さじ2
塩・こしょう　適量
飾り用
　オレンジ（4つにくし切り）　½個
　セージ（生の葉）　4枚

1 フィレ肉は切らずに全体に塩とこしょうをふり、5分間おく。
2 フライパンにバターとにんにくを入れ弱火で軽く炒める。
3 **2**のフライパンにフィレ肉を入れ強火で全面に焼き色をつける。
4 **3**にシェリー、チキンストック、オレンジの皮、セージ、半カップのオレンジ果汁を入れ沸騰したら火を弱め20分間蓋をして煮る。
5 フライパンからフィレ肉を取り出し、塩とこしょうでソースの味をととのえ、オレンジの搾り汁半カップで溶いたコーンスターチを入れてとろみをつける。
6 フィレ肉を1cmの厚みに切って皿に盛りつけ、ソースをかけてくし切りにしたオレンジとセージの葉で飾る。

ローズマリーと椎茸のサラダ

Rosemary Shiitake Salad

photo page 157

大原の朝市では、1年中新鮮な椎茸を売る店があるので、私の冷蔵庫の中にはいつも椎茸があります。このサラダはフランス料理のマッシュルームのオードブルからヒントを得ました。素早く簡単に作れるので、急なお客様の時に便利です。

材料（4人分）
マリネ
　エキストラバージンオリーブオイル
　　大さじ3
　柚子またはレモンの搾り汁　大さじ1½
　塩　少々
　ローズマリー（生の葉のみじん切り）
　　大さじ2
　しょうゆ　小さじ½
　ブラウンシュガー　小さじ½
ゴマ油　適量
生椎茸（5mmに薄切り）　大8個
しめじ（石突きを外しばらばらにする）
　1パック

1 ボウルにマリネの材料を入れよく混ぜ合わせる。
2 フライパンにゴマ油をしき椎茸を軽く炒める。
3 鍋でお湯を沸騰させ、しめじをさっと茹でざるに上げておく。
4 椎茸としめじを**1**と和え、30分程おいて味をなじませてから出す。

玄米・ハーブ・ナッツのローフ。

玄米・ハーブ・ナッツのローフ

Brown Rice, Herb & Nut Loaf

photo page 156

1960年代のヨーロパでは、肉を食べずに野菜や全粒穀物を食べようという菜食主義の考え方が、若い人たちの間で広がり始めていました。当時ロンドンに住んでいた私は近くにあるクランクスという自然食の店によく行きました。おいしくて健康にいいこのナッツローフはそのレストランで覚えました。ベジタリアンの長女サチアの好物です。

材料（6人分）
バター　大さじ3
くるみ　150g
カシューナッツ　70g
玉ねぎ（みじん切り）　1個
にんにく（みじん切り）　3片
椎茸（みじん切り）　½カップ
玄米ごはん　1½カップ
卵　4個
カッテージチーズ　1カップ
マリボチーズ（おろす）　½カップ
塩　小さじ1
こしょう　小さじ½
パセリ（生か乾燥の枝葉をみじん切り）
　大さじ2
マジョラム、タイム（生か乾燥の枝葉を
　みじん切り）各大さじ1
セージ（生か乾燥の枝葉をみじん切り）
　小さじ1

1 ナッツ類をフライパンで炒ってから粗く刻む。
2 にんにく、玉ねぎ、椎茸をバターで炒める。
3 ボウルに玄米ごはん、**1**と**2**、ハーブ、チーズを入れて混ぜる。
4 **3**によくかき混ぜた卵を混ぜ、塩とこしょうで味つけする。
5 油を塗ったローフ型に**4**を入れ、200℃に温めておいたオーブンで1時間焼く。最初はアルミホイルで表面を覆っておく。
6 ローフ型から出し、冷めてから切り分ける。マッシュポテトと緑の温野菜を添えて出す。グレイビーソースをかけてもおいしい。

ミントゼラニウム・チョコレートケーキ

Mint Geranium Chocolate Cake

photo page 160

柔らかいベルベットのような肌触りの葉をしたミントゼラニウムが、ミントの香りをケーキに与えます。

材料（パウンド型2本分又は丸型1個分）
ココア　大さじ6
牛乳　90cc
バター　300g
ブラウンシュガー　325g
卵　6個
小麦粉　420g
ベーキングパウダー　小さじ3
ミントゼラニウム（生の葉）　6枚
サラダ油　少々

1 小麦粉とベーキングパウダーをふるいにかける。
2 鍋に牛乳とココアを入れて弱火にかけ、ココアが溶けたら冷ましておく。
3 ボウルにバターとブラウンシュガーを入れ、クリーム状になるまで混ぜ合わせる。
4 泡立てた卵と2を3に加え混ぜる。
5 1を4に入れよく混ぜる。
6 ケーキ型の内側にサラダ油を塗り、ゼラニウムの葉をケーキ型の底に並べる（柔らかい毛がある面を下向きにする）。
7 180℃に熱しておいたオーブンで40〜50分間焼く（丸ケーキ型の場合は約1時間）。
8 ホットチョコレート・ミントソースとホイップクリームを添え、小さなミントゼラニウムの葉を飾って出す。

★ホットチョコレート・ミントソースは、鍋にブラックチョコレート75gを入れ弱火で溶かし、ミントシロップ（作り方p.78参照）大さじ2と、クレーム・ド・メンテ大さじ1を加える。それから、コンスターチ小さじ1を混ぜたミルクをゆっくり鍋に加え、なめらかになるように混ぜる。ケーキやアイスクリームにかけるとおいしい。

チョコレートミントクッキー

Chocolate Mint Cookies

長女のサチアが幼かった頃、私は仕事で忙しかったにもかかわらず、おやつにいろいろなクッキーを焼いていました。末っ子の悠仁にその話をしたら、是非また焼いてほしいと頼まれました。英国ではディナーパーティーの最後のコーヒーの時、必ずミントチョコレートが出ます。その味が懐かしくてクッキーにアレンジしてみました。

材料（25個分）
ココア　大さじ3
小麦粉　175g
ベーキングパウダー　小さじ1.5
塩　少々
バター又はキャノーラ油入りマーガリン　100g
ブラウンシュガー　大さじ4
水　大さじ1
卵　1個
ミント（生の葉をみじん切り）　1カップ
★ミントはスペアミント、ペパーミント、オレンジミント、ブラックミントなどどの種でも良い

1 ボウルに小麦粉、ベーキングパウダー、塩をふるいにかけて入れ、混ぜる。
2 鍋にココア、ブラウンシュガー、バター、ミントシロップ大さじ3（p.78参照）、水を加え、弱火にかけ溶かし、冷ます。
3 1のボウルに2と溶き卵とミントを入れて混ぜる。
4 オーブン用トレイにベーキングペーパーを敷く。
5 3のクッキーの生地をスプーンですくって形を整え4の上に並べる。
6 200℃に温めておいたオーブンで12〜15分間焼く。

月桂樹のカスタードプリン

Sweet Bay Leaf Custard

月桂樹はシチューやスープなどの煮込み料理に使うのが一般的ですが、牛乳を使ったムースやプリンのデザートにもよく合います。冷やして、煮た果物や生クリームを添えるといっそうおいしくいただけます。月桂樹だけでなくレモンバーベナ、レモンバーム、センティッドゼラニウムを入れると違う味が楽しめます。

材料（4人分）
牛乳　450ml
月桂樹（乾燥）　4枚
砂糖　30g
卵　3個

1 鍋に牛乳と月桂樹を入れて火にかけ、沸騰直前で火を止め10分間おく。
2 ボウルに卵と砂糖を入れ、白っぽくふわっとするまで泡立てる。
3 1の牛乳を漉して2のボウルに注ぎかき混ぜる。
4 3を漉してプリン型に分け、お湯を2.5cm程はったオーブン用トレイに並べる。
5 160℃に温めておいたオーブンで約1時間焼く。
6 オーブンから取り出し、冷蔵庫で冷やして出す。

St. Valentines Day

ミントゼラニウム・チョコレートケーキ
Mint Geranium Chocolate Cake

recipe page 159

あなたのバレンタインより

　バレンタインデーは愛する人に自分の気持ちを伝える日です。ふだんの生活ではなかなか表現することは難しいものですが、この日は愛情を言葉やかたちにする良い機会だと思います。バレンタインデーが女性が男性に気持ちを伝える日となったのは、世界中で日本だけです。男性も女性に気持ちを伝えても良いのではないでしょうか。

　バレンタインデーの起こりはいくつかの説があるようです。古代ローマの二月一四日はルペカリアと呼ばれる豊穣多産の祭りの前夜祭でした。この日は、大切な家畜である羊や牛を守る願いを込めて、山羊や犬が生贄《いけにえ》にされました。そして、二人の若者が、山羊の皮で作った下着だけを着けて町中を走り回ったということです。祭りのあいだ、未婚男性がくじ引きで未婚女性を選び、祭りを一緒に過ごすという行事がある時期続いていたようです。

　それから数百年の時が流れた三世紀のローマでは、ローマ王クラウディウス二世が、若者を徴兵するため結婚を禁止していました。キリスト教僧侶バレンタインは、皇帝の命令に逆らい密かに結婚式を行っていました。彼はまた、ローマ帝国に捕らえられたキリスト教殉教者たちを救いだしていました。ある日、バレンタインの行いが表沙汰となり彼は投獄されます。牢獄の中で彼は、看守の娘の盲目の目を開くという奇跡を起こします。彼女への愛と彼の誠意が、彼女の目を開いたのでした。彼は二七〇年二月一四日に処刑されますが、その前に彼女に手紙を書きます。その時の「From your Valentine」という表現は現在もバレンタインデーの伝統となって続いています。

　先述したルペカリアの祭りでのくじ引き行事は、その後教会によって禁止されましたが、いつしかルペカリアの祭りと聖者バレンタインが結びつき、その日は愛情を表現する日となりました。このようにしてセントバレンタインデーはまずローマから、やがて中世の頃にはヨーロッパ各国にも広がったようです。

　現在、セントバレンタインデーは世界中に知られていますが、国によって習慣は違います。イギリスでは、男性がバレンタインカードにラブレターを書きますが、贈る男性は自分の名前を書かず「From your Valentine」と書きます。受け取った女性は誰から来たのかどきどきするのです。

　フランスでは男性女性ともお互いにばらやチョコレートなどのプレゼントを贈るそうです。ばらはギリシャ神話の官能と愛の神エロスを表現する花で、花言葉は愛と美です。おもしろいことにrose（ばら）とeros（エロス）はアナグラムになります。

　アメリカでは男性が女性にばらを贈りますが、決まったやり方はないようです。アメリカの子供たちは学校でバレンタインパーティーをするそうです。パーティーの前日までに、子供たちはプレゼントを受け取る箱と手作りプレゼントを作っておきます。パーティーの日には、手作りのカードやラブレター、チョコレートやキャンディーなどを好きな子の箱に入れるそうです。

　日本では、一九三六年に神戸のチョコレートショップのオーナー、モロゾフ氏がバレンタインチョコレートを作り広告を出しましたが、あまり反応がなかったようです。時代を経て一九七〇年代になってから、女性が男性にチョコレートをプレゼントするという習慣が広まったそうです。

　バレンタインの日、私は食卓を美しくテーブルセッティングし、キャンドルに火を灯し、夫と子供の好きな料理とチョコレートケーキを作ります。テーブルにはばらを飾りロマンティックな夜を過ごします。

Medicinal Herbs

ハーブの薬効について

ハーブには様々な薬効成分が含まれており、病気の予防や健康維持に役立つと言われています。
医薬品のような強い効果は期待できませんが、ゆっくりと穏やかに心身に働きかけます。
各種のハーブについて期待できる効用と利用法を表にしました。
ひとつのハーブの中にいく種類もの薬効成分が微妙なバランスで含まれており、複数の効用があります。

★体を温め、風邪に効くハーブ

ハーブ名	利用法／期待できる効能
サフラン［柱頭、花柱］	ハーブティー、料理／免疫力を高める。咳・下痢を緩和する。
よもぎ［葉、茎］	ハーブティー、ハーブバス、チンキ／風邪にかかりにくくなる。
ローズヒップ［実］	ハーブティー、シロップ、ジャム／扁桃腺の腫れを緩和する。
しそ［葉と茎］	ハーブティー、シロップ、料理、料理用オイル／免疫力を高める。花粉症やアレルギーを緩和する。
シナモン［樹皮］	煎液［根茎］、料理／発熱、頭痛を緩和する。風邪にかかりにくくなる。足が温まる。
ターメリック（うこん）［根茎］	煎液、料理／血液の循環が良くなる。
クローブ［種］	煎液、料理／消化を助ける。歯痛や水虫を緩和する。
しょうが［根茎］	煎液、料理、シロップ／冷えや風邪の症状を和らげる。吐き気を緩和する。
マスタード［種］	フットバス、料理／体が温まる。筋肉のこりを緩和する。
花梨［果実］	リキュール、シロップ／痰、咳、風邪の症状を緩和する。
びわ［葉］	リキュール、ハーブバス、煎液（茶色になるまで葉を乾かして使う）／咳、気管支炎の症状を緩和する。
ジャスミン［エッセンシャルオイル］	アロマポットで使用、マッサージオイル、ハーブバス／関節の痛みを緩和する。
ベンゾイン［エッセンシャルオイル］	アロマポットで使用、マッサージオイル、ハーブバス／風邪にかかりにくくなる。
スウィートマジョラム［エッセンシャルオイル］	アロマポットで使用、マッサージオイル、ハーブバス／痛みを緩和する。よく眠れる。

★体に活力を与えるハーブ

ハーブ名	利用法／期待できる効能
スペアミント・ペパーミント［葉、茎］	ハーブティー、料理、シロップ／頭がすっきりする。
タイム［葉、茎］	料理、ハーブティー、シロップ、フットバス／活力を与え、免疫力を高める。
ローズマリー［葉、茎］	料理、ハーブバス、ハーブティー、リキュール／活力を与え、新陳代謝を高める。
セージ［葉、茎］	料理、ハーブティー／活力を与える（「不老長寿のハーブ」と言われている）。
シナモン［樹皮］	料理、煎液／免疫力を高める。神経の疲労を緩和する。
サフラン［柱頭、花柱］	料理、ハーブティー／活力を与える（媚薬としても使われる）。
梅［果実］	料理、梅干し、リキュール、梅エキス／疲労を緩和する。
にんにく［葉、茎、球根］	料理／免疫力を高める。
ターメリック（うこん）［根茎］	料理、ハーブティー／免疫力を高める。
バジル［葉、茎］	料理／疲労を緩和する（媚薬としても使われる）。
朝鮮人参［根茎］	リキュール、煎液、チンキ／活力を与える。
レモングラス［葉］	料理、ハーブティー／疲労を緩和する。
クミン［種］	料理／活力を与える（媚薬としても使われる）。
コリアンダー［葉、茎、種］	料理／活力を与え、食欲が出る。
ウィンターサボリー、サマーサボリー［葉、茎］	料理／活力を与え、食欲が出る。
ナツメグ［実］	料理／活力を与え、食欲が出る。
エキナシア［根茎］	煎液／免疫力を高める。
いちょう（銀杏）［実］	料理／記憶力を高める。血液の循環が良くなる。咳を緩和する。
タラゴン［葉、茎］	料理／活力を与える（媚薬としても使われる）。
ティートゥリー［エッセンシャルオイル］	アロマポットで使用、マッサージオイル、ハーブバス／免疫力を高める。
ゼラニウム［エッセンシャルオイル］	アロマポットで使用、マッサージオイル、ハーブバス／気分を高揚させる。ストレスや不安を緩和する。

★ 気分の落ち込みを和らげるハーブ

ハーブ名	利用法／期待できる効能
レモンバーム［葉、茎］	ハーブティー、ハーブバス／気分の高ぶりを緩和する。リラックスする。不安な気持ちを緩和する。
スカルキャップ［葉、茎］	ハーブティー／気分の高ぶりを緩和し、不安な気持ちを緩和する。
セントジョンズ・ワート［葉、花］	ハーブティー、チンキ／気分の高ぶりと落ち込みを緩和する。
シナモン［樹皮］	料理、ホットミルク、煎液／気分の落ち込みを緩和する。
サフラン［柱頭、花柱］	料理、ハーブティー／気分の落ち込みを緩和する。
セージ［葉、茎］	ハーブティー、料理／不安、気分の落ち込みを緩和する。
レモングラス［葉］	ハーブティー、料理／気分の落ち込み、ストレスを緩和する。
ローズマリー［葉、茎］	ハーブティー、ハーブバス／神経を強め、気分の落ち込みを緩和する。
レモンバーベナ［葉、茎］	ハーブティー、料理／気分の高ぶりと落ち込みを緩和する。
オレガノ［葉、茎］	ハーブティー、料理／気分の高ぶり、頭痛、不安を緩和する。
イランイラン［エッセンシャルオイル］	アロマポットで使用、マッサージオイル、ハーブバス／気分の落ち込みを緩和し、神経の緊張を緩和する。
クラリセージ［エッセンシャルオイル］	アロマポットで使用、マッサージオイル、ハーブバス／神経を調整し、気分の落ち込みを緩和する。
ラベンダー［エッセンシャルオイル］	アロマポットで使用、マッサージオイル、ハーブバス／気分の高ぶりと落ち込みを緩和する。
ジャスミン［エッセンシャルオイル］	アロマポットで使用、マッサージオイル、ハーブバス／気分を高揚させ、明るくする。
フランキンセンス［エッセンシャルオイル］	アロマポットで使用、マッサージオイル、ハーブバス／ストレス、不安、気分の高ぶりを緩和する。呼吸を安定させる。
ベルガモット［エッセンシャルオイル］	アロマポットで使用、マッサージオイル、ハーブバス／気分を高揚させる。気分の落ち込みを緩和する。

★ 血液の循環にいいハーブ

ハーブ名	利用法／期待できる効能
チャービル［葉、茎］	料理／血液をサラサラにし、きれいにする。
ヤロウ［葉、茎、花］	ハーブティー／血液をサラサラにし、循環を良くする。
しょうが［根茎］	料理、煎液／血液の循環を良くし、コレステロールを下げる。
にんにく［葉、茎、球根］	料理／血液をきれいにし、血圧とコレステロールを下げる。
梅［果実］	料理、梅干し、リキュール、梅エキス／血液をアルカリ性にする。
なずな［葉］	料理／血液の循環を良くする。
ボリジ［葉］	料理、ハーブティー／血液をきれいにする。
ローズマリー［葉、茎］	料理、ハーブティー、ハーブバス、フットバス／血液の循環を良くし、きれいにする。
クレソン［葉、茎］	料理／血液をきれいにする。
どくだみ［葉、茎、根茎］	ハーブティー、ハーブバス、チンキ、リキュール／血液をきれいにし、循環を良くする。
チャイブ［葉、茎］	料理／血液をきれいにする。
シナモン［樹皮］	煎液、料理／下半身を温める。血液をサラサラにする。
いちょう（銀杏）［実］	料理／脳への血流を良くし、記憶力を高める。
ローズヒップ［実］	ハーブティー、ジャム／脳への血流を良くし、記憶力を高める。
しょうが［エッセンシャルオイル］	アロマポットで使用、マッサージオイル、ハーブバス／リウマチ、筋肉痛を緩和する。
ネロリ［エッセンシャルオイル］	アロマポットで使用、マッサージオイル、ハーブバス／心臓の働き、血液の循環を良くする。
パイン［エッセンシャルオイル］	アロマポットで使用、マッサージオイル、ハーブバス／血液の循環を良くし、筋肉痛を緩和する。

★ リラックスさせ不眠を和らげるハーブ

ハーブ名	利用法／期待できる効能
カモミール［花］	ハーブティー、ハーブバス、フットバス／ストレスを緩和し、神経を安定させる。眠気を誘う。
レモンバーム［葉、茎］	ハーブティー、ハーブバス、フットバス、マッサージ／気分の高ぶりを緩和する。
セントジョンズ・ワート［花、葉］	ハーブティー、チンキ／元気を回復させ、不眠、気分の高ぶりを緩和する。
バレリアン［根茎］	煎液、チンキ／精神的ショック、ストレス、不眠を緩和する。
ベルガモット［葉］	ハーブバス、ホットミルク／気分の高ぶりを緩和する。
ナツメグ［実］	ホットミルク、料理／気分の高ぶりを緩和する。
ラベンダー［花］	ハーブバス、フットバス、枕に入れる、アロマポットで使用、マッサージ／緊張を和らげ、気持ちをリラックスさせる。ストレス、不眠を緩和する。
ホップ［花］	枕に使用、ビール／神経を安定させ、眠気を誘う。
サフラン［柱頭、花柱］	ハーブティー、料理／不眠を緩和する。
バイオレット［花］	シロップ／気分の高ぶりを緩和する。
ネロリ［エッセンシャルオイル］	アロマポットで使用、マッサージオイル、ハーブバス／ストレスを緩和する。
メリッサ［エッセンシャルオイル］	アロマポットで使用、マッサージオイル、ハーブバス／呼吸を安定させる。精神的ショックを緩和する。
ベティバー［エッセンシャルオイル］	アロマポットで使用、マッサージオイル、ハーブバス／気分の高ぶり、ストレス、不眠を緩和する。

Tips for Growing Herbs.

基本ハーブ41種の育て方のコツ

植物を育てるポイントは、植物の生育環境を原産地に近づけることです。
このチャートを参考にして場所や土を選んでください。
例えば、ローズマリーは地中海の陽当たりが良い乾燥した崖で育ったので、
陽当たりがいいところに植え、水をやりすぎないようにしましょう。

鉢植え	好みの土壌	収穫期	剪定／収穫	使い方のヒント
○		年中	茶色く古くなった葉を茎に近いところで切る。	
○		5〜10月	先端5〜6枚の葉を茎ごと切る。	
○		年中	冬の初めに、枝を20〜30cm刈りこむ。	
×		5〜10月	収穫後、深めに刈りこむ。	
×		6〜8月	収穫後、深めに刈りこむ。	
×		6〜8月	収穫後、深めに刈りこむ。	
○		4〜10月	花芽が付く前に穂先を切る。	
○		4〜10月	下から5cm残して葉を切る。	
○		5〜10月	外側の若葉を摘む、種を収穫する。	
○		5〜10月	葉は若いうちに収穫する。種を収穫する。	
○		5〜11月	こまめな剪定が必要。元気のない枝を切る。	
×		5〜11月	若い茎と葉を必要に応じて収穫する。熟した種子を収穫する。	
○		7〜10月	葉と花を適宜収穫した後、深く剪定する。	
×		8〜9月	春に若い側枝を収穫する。秋に地面から約5cm上のところで切る。	
○		7〜10月	春と秋に茎を約3cm刈る。	
○		7月	春と秋に茎を3〜5cm切る。花の色があせはじめたら、すぐに深く刈りこむ。	
○		5〜11月	春と秋に先端の若葉を摘む。	

陽当たりの記号

- 陽当たりを好む
- 陽当たりを好むが数時間日陰も欲しい
- 半日陽が当たり、半日日陰を好む

好みの土壌の記号

- 乾燥してやせた土壌を好む
- 肥えて水はけがいい土壌を好む
- 肥えて湿った土壌を好む
- 湿った酸性土壌を好む
- 肥料を必要とする

使い方のヒントの記号

- 生の花を料理の飾りに使う
- 生の葉を料理の飾りに使う
- ハーブティーにする
- ジャムにする
- 料理に使う
- 化粧品に使う
- クラフトに使う
- 湿布に使う
- フェイシャルスチームやハーブバスに使う
- リカー又はチンキに使う
- コンポストになる

耐寒性：霜に耐えられるため、冬も屋外で育てられる。
半耐寒性：厳しい霜に耐えられないため、軒下で育てる。

ハーブ名		属性	原産地と陽当たり
Aloe *Aloe vera*	アロエ	常緑、多年草、高さ30cm、最低温度5℃	地中海沿岸、南アフリカなどの亜熱帯
Basil *Ocimum basilicum*	バジル	一年草、高さ30～60cm、最低温度5℃	熱帯アジア
Bay Leaf *Laurus nobilis*	月桂樹	多年草、高さ3～15m、耐寒性	北アフリカ、地中海沿岸
Borage *Borago officinalis*	ボリジ	一年草、高さ約1m、耐寒性	トルコ、地中海沿岸
Chamomile German *Matricaria recutita*	ジャーマンカモミール	一年草、高さ60～90cm、耐寒性	西アジア～インド、東ヨーロッパ
Chamomile Roman *Chamaemelum nobile*	ローマンカモミール	多年草、高さ20～30cm、耐寒性	西アジア～インド、東ヨーロッパ
Chervil *Anthriscus cerefolium*	チャービル	多年草、高さ30～45cm、半耐寒性	ヨーロッパ、西アジアから南ロシア
Chives *Allium schoenoprasum*	チャイブ	多年草、高さ30～45cm、耐寒性	中央アジアなど温帯地域
Coriander *Coriandrum sativum*	コリアンダー	一年草、高さ60～90cm、耐寒性	西アジア、北アフリカ
Dill *Anethum graveolens*	ディル	一年草、高さ75～120cm、耐寒性	地中海沿岸、インド
Eucalyptus *Eucalyptus spp.*	ユーカリ	常緑樹、高さ90cm以上、最低温度-3℃	オーストラリア、亜熱帯の山岳地
Fennel *Foeniculum vulgare*	フェンネル	多年草、75～175cm、耐寒性	アジア、地中海沿岸
Feverfew *Tanacetum parthenium*	フィーバーフュー	一年草、高さ60cm、耐寒性	コーカサス、南ヨーロッパ
Hops *Humulus lupulus*	ホップ	多年草、長さ10～12m、耐寒性	西アジア、北アメリカ、ヨーロッパ
Hyssop *Hyssopus officinalis*	ヒソップ	多年草、高さ50～80cm、耐寒性	南ヨーロッパ、西アジア
Lavender *Lavandula spp.*	ラベンダー	多年草、高さ1m、耐寒性	地中海沿岸、中東地域
Lemon balm *Melissa officinalis*	レモンバーム	多年草、高さ30～60cm、耐寒性	南ヨーロッパ

鉢植え	好みの土壌	収穫期	剪定／収穫	使い方のヒント
○		5～10月	晩秋に高さ5cmに刈りこむ。	
○		6～10月	6月と10月に約10cm刈る。 晩秋に新しい若葉のところまで刈りこむ。	
○		開花直後	枯れた花を摘む。	
○		5～11月	晩秋に地面から5cmのところで刈る。	
○		年中	先端の若葉を摘む。	
○		5～10月	枯れた花を摘む。	
○		5～11月	晩秋に地面から約5cmを残して刈る。	
○		4～11月	若芽をこまめに採る。	
○		6～11月	春に、前年の枝を切る。	
○		年中	元気のない枝を切る。	
○		5～10月	若芽を採る。種を収穫する。	
○		年中	晩秋に、新芽のところまで刈る。	
○		4～10月	堅くなった下葉はこまめに刈る。 地面から約3cmのところで切る。	
○		年中	晩秋に約10cmを残して刈る。	
○		年中	先端を切る。春に深く剪定する。	
○		9～11月	春と秋に茎を約3cm刈る。	
×		6～8月	秋に、新芽のところまで刈る （地面から約5cm）。	
○		7～9月	花が咲き終わったら、若芽のところまで刈る。	
○		年中	晩秋に地面から5cmのところまで刈る。	
○		年中	春か秋に地面から約10cmのところまで刈る。	
○		2～4月	咲き終わった花を摘む。	
○		2～4月	収穫後深く刈りこむ。	
×		7～8月	収穫後、深く刈りこむ。	
○		5～11月	長い茎を剪定する。 子株を切り取って、株分けする。	

ハーブ名		属性	原産地と陽当たり
Lemon grass *Cymbopogon citratus*	レモングラス	多年草、 高さ1〜2m、最低温度7〜10℃	南インド、スリランカ
Lemon Verbena *Aloysia triphylla*	レモンバーベナ	多年草、高さ2m、最低温度5℃	チリ、アルゼンチン
Marigold *Calendula officinalis*	ポット・マリーゴールド	一年草、高さ45cm、耐寒性	ヨーロッパ、アジア
Marjoram *Origanum majorana*	マジョラム	多年草、高さ45cm、半耐寒性	地中海沿岸、トルコ
Mints *Mentha spp.*	ミント類	多年草、高さ30〜80cm、耐寒性	ユーラシア大陸、 アフリカ
Nasturtium *Tropaelum majus*	ナスタチウム	一年草、高さ30cm、霜に弱い	コロンビア、ボルビア
Oregano *Origanum vulgare*	オレガノ	多年草、高さ60cm、耐寒性	ヨーロッパ
Parsley *Petroselinum crispum*	パセリ	一年草、高さ20〜30cm、耐寒性	イギリス、南ヨーロッパ
Raspberry/Blackberry *Rubus idaeus/Rubus fruticosus*	ラズベリー、ブラックベリー	多年草、高さ80〜140cm、耐寒性	ヨーロッパ、 北アメリカ、日本
Rosemary *Rosmarinus officinalis*	ローズマリー	多年草、高さ60〜120cm、耐寒性	地中海沿岸
Rocket *Eruca vesicaria*	ロケット	一年草、高さ30〜50cm、耐寒性	地中海沿岸、東アジア
Sage *Salvia officinalis*	セージ	多年草、高さ60〜80cm、耐寒性	北アフリカ、 地中海沿岸
Salad Burnet *Poterium sanguisorba*	サラダバーネット	多年草、高さ30〜50cm、耐寒性	ヨーロッパ、 北アフリカ、西アジア
Summer Savory, Winter Savory *Satureja hortensis, satureja montana*	サマーサボリー ウィンターサボリー	サマーサボリーは一年草、ウィンター サボリーは多年草、高さ40cm、耐寒性	南ヨーロッパ
Scented Geraniums *Pelargonium spp.*	センティッドゼラニウム	多年草、 高さ30〜140cm、最低温度5℃	南アフリカ
Stevia *Stevia revaudiana*	ステビア	多年草、 高さ60〜80cm、霜に弱い	南アメリカ
St. Johns wort *Hypericum perforatum*	セントジョンズ・ワート	多年草、高さ60〜140cm、耐寒性	ヨーロッパ、日本
Tansy *Tanacetum vulgare.*	タンジー	多年草、高さ75〜100cm、耐寒性	ヨーロッパ
French Tarragon *Artemisia drancunculus*	フレンチタラゴン	多年草、高さ60〜80cm、耐寒性	東ヨーロッパ、 中央アジア
Thymes *Thymus spp.*	タイム類	多年草、高さ15〜35cm、耐寒性	北ヨーロッパ、 地中海沿岸
Heartsease Pansy *Viola tricolor*	ビオラ	一年草、高さ15cm、耐寒性	北ヨーロッパ
Violet *Viola odorata*	バイオレット	多年草、高さ15cm、耐寒性	ヨーロッパ
Yarrow *Achillea millefolium*	ヤロウ	多年草、高さ50〜90cm、耐寒性	ヨーロッパ、 西アジア、北アメリカ
Wild Strawberry *Fragaria vesca*	ワイルドストロベリー	多年草、高さ10cm、耐寒性	北アメリカ、 ヨーロッパ、アジア

あとがき

心の旅路……
イギリスから京都・大原へ

私はイギリスの貴族の家に生まれ、幼少時代をイギリスやヨーロッパ各地で暮らしましたが、現在は京都の里、大原に住んでいます。なぜ私がここに暮らすようになったのか、今まで多くの人に聞かれました。「本当の幸せとは何だろう?」と探し求めていくうちに、紆余曲折を経て大原に辿り着いたといえば話が単純すぎるでしょうか? ケドルストンの屋敷から大原までの私の長い旅をかいつまんでお話ししたいと思います。

私の母、ジュリアナ・カーゾンはスカースデイル伯爵二世の三女として、八〇〇年以上もの間カーゾン家が所有する広さ六〇〇〇エーカーの領地、ダービーシャー州のケドルストンで生まれました。この屋敷と八二〇エーカーの私園は、一八世紀のイギリスを代表する建築家、ロバート・アダムが設計しました。

第二次世界大戦直後、社交界デビューを果たしたジュリアナは、私の父、デレク・スタンリー=スミスと結婚しました。ロマンスを求めていた二〇歳の母は、ハンサムな新進シェイクスピア劇俳優の父と出会って恋に落ちたのでした。父は貴族出身でないため母の両親は反対しましたが、二人はそれを押し切って結婚し、三人の子供が産まれました。私が生まれる前に病気で亡くなった長女のシャーロット、そして私と弟のチャールズです。私たち一家はロンドン郊外で暮らしていました。「私は恋に落ちるたびに結婚したのよ」と母は後年語りましたが、それが事実母の生き方でした。私が三歳の時に、母は繊維産業で巨万の富を築いたコートールド家のフレデリック・ネトルフォールドと再婚し、私たちはグロスターシャー州に引っ越しました。そこで妹のキャロラインが生まれましたが、一年後に母はまた恋に落ち、今度はブリティッシュ・アメリカン・タバコ社の相続人である男爵サー・ダドリー・カンリフ=オーウェンとまた再婚しました。私が五歳の時です。

この頃、私たちはケドルストン・ホールに暮らす祖父母によく会いに行きました。この壮大な屋敷は、王室を招待できるような立派な建物を造ろうと一七五九年に着工され三五年かかって完成しました。四階建てで、中心部にはエレベーターが設置され、部屋数は全部合わせると一〇〇を超えていたでしょう。ダイニングだけで三つ、リビングは五つ、客室は三〇、浴室が一〇、ビリヤード室や音楽室もあり、図書室は二つありました。それから舞踏室の下には、カーゾン卿がアジアから持ち帰った古美術品を集めた「東方美術館」もありました。曾祖父のカーゾン卿はインド

Venetia with her mother

ベニシアと母。

総督、オックスフォード大学名誉総長、外務大臣を務めた人で、探検家としても有名で明治時代の日本にも訪れています。

この邸宅では、私と兄弟たちはいつも西棟の四階の客室を一室ずつもらい、本棟によく探検しに行きました。そこの部屋は天井が非常に高く、室内の壁や装飾品やカーテンはすべてブルーでした。ローマのパンテオンをモチーフにした舞踏室の高さ三〇メートルもある巨大なガラス製のドームの中に入ると、古代ローマにいるような気分になりました。私の一番のお気に入りは、正面玄関でした。コリント式円柱と大理石の床からなる古代ローマのような大きな部屋で、天井にはウォーターフォードクリスタルの大きなシャンデリア、壁には中世イタリアの絵画がいくつも飾られていました。私たち兄弟は従兄弟たちと一緒に、そこでよくかくれんぼをしたものです。「王様を招待するためにここを作ったんだよ。でも結局王様はまだ一度も来ていないけどね」と祖父は言いました。現在ケドルストン・ホールはナショナルトラストが管理し、一般公開されています。

新たに母が結婚したダドリーは、バルセロナ郊外に別荘を買い、そこで一年暮らしました。赤やピンクのゼラニウムが咲き乱れる美

Venetia with her sisters Caroline and Juliet and her brother Charles.

ベニシアと3人の兄弟。

Teatime in the Nursery with Dingding

子供たちも授乳室でティータイム。

しい庭に囲まれた白塗りのヴィラを覚えています。その後、ダドリーは生活を変えたいとジャージー島の東部に農場を買いました。農業を仕事にするというわけではなく、農場の暮らしをしてみたかったのでしょう。ジョージ王朝時代様式の白漆喰の大邸宅で、一〇エーカーの土地には、古い御影石造りの畜舎や倉庫がいくつもありました。私にとって、ここは家畜の世話や野菜作りの学校となりました。母はジュリエットという女の赤ちゃんを授かり、子供は四人となりました。

一〇歳になると、私はイギリスのヒースフィールドという寄宿舎制の女子校に入りました。私の実父デレクは、ヘレンというブロンドの美しいロシア人女性と再婚しており、南仏プロバンスのコートダジュールを見下ろす場所とスイスのジュネーブ近郊の、レマン湖に面したアニエールに住んでいました。私は六歳から一二歳まで、休暇をフランスかスイスの父の家で弟と一緒に過ごしました。洗濯物を干したりテーブルの片付けや家具の掃除をしたりと、家事の手伝いを楽しんでやりました。そういった家事は母の家では使用人の仕事とされており、私たちは手伝わせてもらえなかったのです。

六〇年代の始めに、私にとって悲しい出来

事が立て続けに起きました。母がまた恋に落ち、私たちが実父のように慕っていた義父ダドリーと離婚したのです。彼はいつも明るく、船の操縦から、釣り、農作業、料理、スキーと人生の楽しみ方を私に教えてくれた人でした。ジャージーからセーヌ河を辿って南仏まで航海したのが、ダドリーとの最後の旅となりました。

そして、一九六三年の春には、実父デレクが心臓発作で亡くなりました。父に恋人ができ、奥さんとの離婚手続きなどでもめていた時のことでした。私の愛する父、私を王女様のように扱ってくれた父、私の心の支えとなりヒーローのような存在であった父がもうこの世にいないなんて。彼に財産はなく、形見として父の革のスーツケースに入っていたジエントルマン・ハットだけが私に残りました。それは今でも大原の家に大切に置いています。

父の死は私にとって大きなショックでした。その後、一年ほどは不眠症と対人恐怖症に悩まされました。ひとりで散歩に出ては、鳥や空や風に話しかけました。寂しさに苛まれ、どうやって生きていけばいいか、分からなくなりました。こんなに悲しい思いをするのなら、生きる意味があるのだろうか。私は引きこもって、ひとりで本を読んでばかりい

Derek Stanley-Smith, Juliana Curzon and Frederick Nettlefold were friends

ベニシアの両親と義父（右）。

Ballet Practice

バレエを習うベニシア。

The pony cart at Kedleston

ケドルストン内を走る二輪馬車。

ました。母は話をすることもままならないほど、とても短気な人でした。子供の相手が上手な人ではなかったので、私が心を開いて話せるのは父だったのです。

その頃には、乳母のディンディンもいなくなっていました。私たちが彼女にあまりにもなついていたので、母がクビにしたのです。ディンディンは実の子供のように私たちを可愛がってくれました。赤ん坊の頃からずっと私たちの面倒をみてくれ、悲しい時も病気の時も怪我をした時も、私たちを慰め世話をしてくれた大切な人だったのです。

新しい母の結婚相手は、ジャージー島に暮らすジョン・ロバーツという富農で、私たちは築四〇〇年の彼のマナーハウスに引っ越しました。ジョン・ロバーツは、ダドリーとは対照的に生真面目で、信仰熱心な読書家で、社交的なことが嫌いでした。あれほど性格が違う二人がどうして一緒になったのか不思議です。彼は五〇エーカーもの農地を所有し、大規模な農業を営んでいましたが、私たちが農作業を手伝うことは許されませんでした。母はここで私より一二歳年下の妹ルシンダと、末の弟ジェイミーを産みました。

私は一六歳でヒースフィールドを卒業すると美術史を勉強するためにロンドンの二年制

のカレッジに入りました。ある晩、母は幼い妹と弟を連れてロンドンの私のアパートにやって来ました。「文句ばかり言う酒飲み男はもうたくさん」と、大きなスーツケースをひとつだけ持って母は、ジャージー島を飛び出して来たのでした。

母はロンドンの高級住宅地、チェルシー・スクエアに大きな家を借りて、一年ほど暮らしました。その頃、私は社交界デビューを控えていたので、母は私にふさわしい結婚相手がみつかるよう、そばにいて手助けしたかったようです。私には実父の遺産がなかったので、お金持ちの結婚相手をみつけなくてはと考えていたのでしょう。

英語の「ノーブル」という単語には、二つ意味があります。ひとつは「高貴な生まれの人、身分の高い人」という意味です。もうひとつは、「心、性格、精神が高貴である」という意味です。後者の意味が当てはまる人こそ真にノーブルな人だと思います。人は生まれではなく、何をしたかが重要であると私は考えていました。母にこの思いを何度も伝えようとしましたが、母は耳を貸さず、こんなに歴史のある高貴な家系に生まれたのは幸せなことなのだから、祖先を誇りに思いなさいと言うばかりでした。上流社会に身を置いて

Heathfield School
Girls boarding school in Ascot.

寄宿舎制女子校のヒースフィールド。

The class of 1966.
Venetia is second from left.

ベニシアは前列左から２番目。

生きていくという選択もあった私ですが、社交界デビューの一年間で、はっきりとこの世界にいたくないと感じました。

とはいえ、自分はどうやって生きていくべきなのかも分かりませんでした。恋人ともうまくいかず、その頃組んでいたバンドで音楽をやることが自分の道とも思えず、私はいつも悩んでいました。六〇年代は、キリスト教中心で何世紀も動いてきた西洋社会が行き詰まりを感じ、それに変わる新しい価値観を求めた時代です。今ではカウンターカルチャーと呼ばれるその波は、東洋やキリスト教以前の大昔の思想などに目を向けていました。私がロンドンに住んでいた六八年はまさにその渦中にありました。

ある日、プレム・ラワットという名のインドの瞑想の先生の弟子から話を聞く機会がありました。彼の言葉は、今まで私が出会った人や本のどんな言葉よりも私の胸に響き渡りました。私は本当の幸せとは何かを探していました。「あなたが求めている真の幸せを庭にたとえて言うなら、庭は外の世界にあるのではなく、あなた自身の内側にあるのです。それを感じるための実践的な方法が瞑想です」。

数日後、私は瞑想を教えてもらいましたが、それが私の人生を大きく変えました。庭は私

の心にずっと存在していたのに、その入り口にすら気づかずにいた自分が不思議に思えました。瞑想を教えてくれたその弟子は、私がその気になって努力を怠らなければ、自分自身や人生への理解をさらにこれから深めていけると教えてくれました。

　意気揚々と帰宅した私は、すぐにでもインドに行って、この瞑想を教えている先生、プレム・ラワットにどうしても会ってみたいと思いました。驚いたことに彼は一二歳の少年で学校に通っているらしいということでした。私は仲間八人と共同で中古のバンを買い、陸路インドへと旅立つ計画に加わりました。

　私はインドへ行くことを告げに母に会いに行きました。その頃母は競走馬の飼育を始めようとアイルランドに移住し、ティペラリー州のダーグ湖畔で小さなホテルを経営していました。母がホテルの台所に立って料理を作る姿を見て驚きましたが、母は幸せそうでした。私がインドに行くことを話すと、母は心配して知り合いのマハラジャの宮殿に泊まれるよう連絡してみると言いました。けれど、私は自分の力で生きていくということが、どういうことか試してみたいのだと言いました。母はなんとか辞めさせようと説得にかかりましたが、私の決意が変わらないことが分

The Sweet Dream's Debut 1969.

1969年にレコードデビューの予定だった「Sweet Dream」。

Folk group practice time at School.

学校で友達とバンドの練習。

かると、「旅行中に困ったことが起きても、自分でなんとかするように。私に助けは求めないこと」と最後に念を押しました。

　その時は、これで永遠にイギリスを去ることになるとは思っていませんでした。出発した日の美しい夕焼けは目に焼きついています。きれいなピンクと紫色に染まった雲を見て、旅の期待と不安に駆られました。私たちはフェリーでベルギーに渡り、そこからトルコのイスタンブールまで南下し、古代のシルクロードを辿ってインドまで行きました。

　出発から二ヶ月経った一〇月下旬、私たちはインドのハリドワールに到着しました。ヒマラヤ山脈の麓にあるこの町は、聖なるガンジス川の上流部にあたり、ヒンドゥー教の重要な聖地のひとつです。私たちが到着した午後も、ガンジス川では多くの巡礼者が沐浴《もくよく》をしていました。

　その日からアシュラム（瞑想道場）での生活が始まりました。私は毎朝、日の出前に起床して、瞑想し、庭でばらやマリーゴールドの花を摘む手伝いをしました。午後は料理の手伝いをしたり、ヨガ・センターで先生の話を聞いたりして過ごしました。心が洗われていくような毎日が続き、またたく間に八ヶ月が過ぎましたが、私はイギリスに帰りたくは

ありませんでした。もっと東へ向かわなければと感じていたのです。日本に行こうと決心した私は、ある日、そのことを師に告げました。彼は驚いたようでしたが、黙って頷いてくれました。そして、道中で出会った多くの親切な人や幸運に助けられて、私はとうとう七一年五月に船で鹿児島に到着しました。

ほとんど無一文で日本に来ましたが、異国の地でなんとかがんばって二年が過ぎました。七三年のクリスマスに、私はアイルランドに里帰りしました。一〇歳と八歳になっていた末の妹、ルシンダと弟のジェイミーは、母のホテルで育てられていました。二人が村の子供たちと遊んでいるのを見て、私は嬉しく思いました。私たちが子供の頃には許されなかったことだからです。母はホテルの経営で忙しそうでしたが、それを楽しんでいるようでした。この地にたくさん友達ができて、母のレストランもパブも流行っているようでした。不思議なことに母も私も時を同じくして貴族社会から離れていました。

母は私に日本に戻らずホテルの手伝いをしてほしいと頼みました。幼い妹と弟も、行かないでくれと頼みましたが、私は日本に戻って定住するつもりだと母に告げました。激怒した母からは、「日本に行くなら、私からは

Listening to Spiritual Discourses on the subject of 'Life' in India 1970.

1970年インドで。

Singing in the Isle of Man.

マン島で歌う。

一銭ももらえないと覚悟しなさい」と言い渡され、私は「自分で生きていきます！」と答えました。またも母と喧嘩別れをして、私は日本へと旅立ったのです。日本に向かう飛行機の中で、自分はある意味では幸運なのだと思いました。お陰で、自分の才能を磨き、一生懸命働いて、日本での新生活を築いていくしかなかったのですから。それから五年後の七八年に京都大学の近くで英会話学校を始め、私は今も英会話を教えています。正直言って私が日本でやったことを見せたかったのですが、母は前言を翻さず、一度も日本に来ることなく二〇〇六年に他界しました。母は母なりのやり方で、私を強くしてくれたと今では思っています。

一〇年前に私は夫の正と息子の悠仁と共に大原の家に落ち着きました。大原の古民家での暮らしは、言うなれば私が昔から憧れていたコテージでの生活です。ここでハーブガーデンを作り、この本で皆さんにお見せしたハーバルライフを楽しんでいます。大好きなハーブに関わることを皆さんと分かち合いたいと思いこの本を作った次第です。人生は、まだまだ学ぶことばかり。ミケランジェロの「I am still learning.（私は、今もなお学んでいる）」の言葉通りだと、日々実感しています。

索引

著者が利用しているハーブの店

◆グリーンスポットデン
滋賀県高島市安曇川町下小川2530-4
☎ 0740-32-4465　定休日：火曜日　営業時間10:00～17:00
ハーブの苗の専門店。約250種類のハーブを揃えている。はがきでオーダーし、商品を郵送してもらう場合は、9cmポット12個入りのケースから購入。（1種4個以上）エッセンシャルオイル30種、ハーブの種30種、基本的なドライハーブも揃えている。

◆ニールズヤード レメディーズ
http://www.nealsyard.co.jp/
1981年にロンドンに創立されたハーブ製品の専門店。各種エッセンシャルオイルをはじめ、ハーブのスキンケアやコスメを揃えている。東京を中心に10店舗ある。オンライン・ショップ、ファックス、電話、郵送、メールでも購入できる。配合せずにすぐに使える、質の高いコスメ用のオイルを数多く揃えている。

◆ガーデン・デザイン・ショップ樹《バウム》
http://www.baum-garden.com
京都のガーデニングショップ。店頭には一般的なハーブを揃えているが、個数によっては珍しいハーブや植物を取り寄せてくれる。支柱や植物のラベルを含むガーデンアクセサリーを海外から輸入しており、店長の高石さんは、ガーデンの設計、施工を専門としている。

◆道の駅あいとうマーガレットステーション
http://www.aito-ms.or.jp/
手ごろな値段で環境に優しい粉石けんが買える滋賀県の「道の駅」。特定非営利活動法人の「菜の花プロジェクト」が作っている廃油をリサイクルした粉石けんが人気。著者は、この粉石けんで、食器用や衣料用の石けん水を作っている。クラフト用のドライフラワーも数多く揃えている。粉石けんは、電話でオーダーし、郵送してもらえる。

◆生活の木
http://www.treeoflife.co.jp/
エッセンシャルオイルや化粧品の材料を幅広く揃えており、特に、自分で配合してゼロからコスメを作りたい人に嬉しい。著者は、アロマポットで使うオイルや、フェイスクリームを作る材料となるカオリンなどを主に購入している。

◆カリス成城
http://www.charis-herb.com/
ハーブの苗から化粧品、食品、ポプリなどハーブ関係のものを幅広く販売。関東・関西を中心に20店舗以上ある。ネットでの購入も可。著者は、主にラベンダーなどのドライハーブを購入している。

◆Botanicals（ボタニカルズ）
http://www.botanicals.co.jp/
全国に30以上の店舗を持つ。お茶のためのドライハーブの種類は国内最大級。著者は、ヒソップなど比較的珍しいお茶用のハーブティーを購入したり、歯磨き粉で使うステビアもここで購入している。

◆ベニシア・インターナショナル
http://www.venetia-international.com
ハーブに関するワークショップなどを定期的に開催している。

★ 著者は、シャンプーや石けんを作る純粋石けんは、一般の自然食品店で購入している。
★ 上記内容は、2007年3月現在のものです。

参考文献

Cooking with Herbs　by Valerie Ferguson

The Family Book of Home Remedies　by Michael Van Straten

Food: Your Miracle Medicine　by Jean Carper

Fragrant Herbal Garden　by Leslie Bremness

Herb Garden Design　by Ethne Clarke

Herbs　by Leslie Bremness

Herbs: Gardens, Decorations and Recipes
by Emelie Tolley and Chris Mead

History of Food　by Maguelonne Toussaint-Samat

The Illustrated Encyclopedia of Healing Remedies
by C. Norman Shealey M. D Ph. D.

Japanese Herbal Medicine / The Healing Art of Kampo
by Robert Rister

A Little History of British Gardening　by Jenny Uglow

The Living Garden　by George Ordish

The Lost Language of Plants　by Stephan Harrod Buhner

The Magic of Herbs　by Jane Nedwick

A Modern Herbal　by Margaret Grieve

Natural Housekeeping　by Beverly Pagram

Natural Remedies for Common Complaints　by Belinda Viagus

Naturally Beautiful　by Dawn Gallagher

Practical Herb Garden　by Jessica Houdret

Rodale's All-New Encyclopedia of Organic Gardening
by Fern Marshal Bradley and Barbara W. Ellis

The Royal Horticultural Society /
Encyclopedia of Herbs and Their uses　by Deni Brown

St. John's Wort: The Herbal Way to Feeling Good
by Norman Rosenthal, M. D

Wild Flowers of Japan: A Field Guide　by Ran Levy

Your Herb Garden　by Miranda Smith

★ハーブの効用や副作用は経験と知恵によって伝承されたものが多く、質の高い臨床研究によって示された科学的根拠がまだ不足しています。こうした状況を十分理解してお読み下さい。特に、ハーブを治療目的に使用する場合、妊娠中・授乳中の女性が使用する場合、乳幼児や高齢者が使用する場合、すでにある疾患の治療で薬剤などを使用している場合には、思わぬ副作用が現れることがあるので、必ず事前に医師と相談して下さい。

この本は２年をかけて夫の正と共に作りました。本書の写真を撮影し、執筆に不慣れな私の英文のエッセイを、日本語にまとめてくれたのも夫です。この大変な仕事に協力してくれたことに、心から感謝しています。

私の原稿やレシピのタイプや下訳の作業などをしてくださった英語学校のスタッフ、飛寿胡悦子さん、諏訪順子さん、岩崎千代さんにも長期にわたる協力に深く感謝しています。あとがきやガーデニングコラムの原稿を翻訳してくださった翻訳者の竹林正子さんにも心から感謝します。

前田敏子さんと辻典子さんは、料理の準備、家や庭の掃除、写真撮影とあらゆることを手伝ってくださり、さらに私たちの気分をいつもほぐしてくれました。また、私のレシピを試してくださった英語学校の生徒さんたちにもお礼を言いたいと思います。

夫の母親の梶山敏子さんからは、日本のハーブに関する様々な情報とアドバイスをいただきました。

本書を企画してくださった飯田想美さんは、東京から大原まで何度も足を運んでくださり、エッセイや写真について素晴らしいアイディアで助けていただき、大変な編集作業をしてくださいました。彼女がいなければ、このような素晴らしい本はできなかったでしょう。

最後に４人の子供たち、サチア、和美、主慈、悠仁と２人の孫に感謝を捧げます。この本の執筆や撮影に追われた２年間、子供たちが日々の家事を手伝ってくれたうえに、私を理解し、励まし、いろいろ我慢してくれました。本当にありがとう。

ベニシア・スタンリー・スミス

写真・翻訳　梶山正
イラスト　ベニシア・スタンリー・スミス
編集　飯田想美
ブックデザイン　縄田智子　若山美樹（L'espace）

協力　葛西龍樹（福島県立医科大学 地域・家庭医療部教授）
校正　Bee-III Office

ベニシアのハーブ便り
京都・大原の古民家暮らし

2007年4月10日　初版第1刷発行
2010年12月10日　　第21刷発行

著　者　ベニシア・スタンリー・スミス
発行者　内田吉昭
発　行　株式会社世界文化社
〒102-8187 東京都千代田区九段北4-2-29
編集部　　電話 03-3262-5475
販売本部　電話 03-3262-5115
印　刷　凸版印刷株式会社
DTP制作　株式会社ローヤル企画

ISBN978-4-418-07503-4